I disturbi neuropsichiatrici
nella sclerosi multipla

Ugo Nocentini • Carlo Caltagirone • Gioacchino Tedeschi
(a cura di)

I disturbi neuropsichiatrici nella sclerosi multipla

 Springer

a cura di
Ugo Nocentini
Dipartimento di Neuroscienze
Università degli Studi di Roma "Tor Vergata"
IRCCS Fondazione "Santa Lucia" - Roma

Carlo Caltagirone
Dipartimento di Neuroscienze
Università degli Studi di Roma "Tor Vergata"
IRCCS Fondazione "Santa Lucia" - Roma

Gioacchino Tedeschi
Dipartimento di Scienze Neurologiche
Seconda Università di Napoli – SUN - Napoli
MRI Research Center
Laboratorio SUN-FISM
Istituto Hermitage Capodimonte - Napoli

ISBN 978-88-470-1710-8   e-ISBN 978-88-470-1711-5

DOI 10.1007/978-88-470-1711-5

© Springer-Verlag Italia 2011

9 8 7 6 5 4 3 2 1

Layout copertina: Ikona S.r.l., Milano

Impaginazione: Ikona S.r.l., Milano
Stampa: Fotoincisione Varesina, Varese
Stampato in Italia

Springer-Verlag Italia S.r.l., Via Decembrio 28, I-20137 Milano
Springer fa parte di Springer Science+Business Media (www.springer.com)

Prefazione

Lo stimolo a scrivere l'opera che avete tra le mani origina dall'esperienza fatta nel confronto quasi quotidiano con le persone affette da sclerosi multipla (SM) e con i loro familiari. Così come i dati anagrafici ci dicono poco di una persona, due parole dal significato non univoco non possono riassumere le esperienze che i pazienti e chi, a vario titolo, è loro vicino, si trovano ad affrontare. Uno degli sforzi più grandi che i professionisti della salute devono compiere, nell'occuparsi del paziente con sclerosi multipla, consiste nel considerare l'unitarietà della persona, andando oltre le conoscenze teoriche che sono spesso parcellizzate. Nella SM (anche i pazienti ormai la nominano in sigla), la parcellizzazione è un rischio da tenere presente: la Risonanza Magnetica ci fornisce informazioni che non corrispondono ai sintomi avvertiti dal paziente e ai segni evidenziati dal neurologo; si usano farmaci di cui non si conoscono con esattezza i meccanismi d'azione utili; i pazienti manifestano dei comportamenti, ma questi possono essere dovuti a varie e diverse cause, spesso concomitanti.

Nel variegato quadro della SM, le modificazioni delle condizioni psichiche e l'evenienza di disturbi neuropsichiatrici sono tra gli aspetti più elusivi; ma sono anche quelli che ci riportano più di altri a considerare l'unità dell'individuo: quale "parte" di noi, se non la mente, è l'elemento unificante del nostro essere? Ed è proprio delle conseguenze della malattia sull'attività della mente che questo libro si occupa.

Gli aspetti neuropsichiatrici della SM sono stati presi in considerazione in modo sistematico e con un approccio scientificamente aggiornato solo negli ultimi 25 anni. Ciò è molto sorprendente per varie ragioni: i primi autori che hanno fornito una descrizione dettagliata della SM, valga Charcot per tutti, avevano identificata la presenza di disturbi della sfera psichiatrica; i disturbi neuropsichiatrici sono frequenti e dovrebbero anche essere evidenti a tutti coloro che interagiscono in vario modo con i pazienti con SM; è ormai di dominio comune che, in generale, le conseguenze dei disturbi psichiatrici sono molto gravi, sia in termini di qualità della vita che in quanto possibile causa di atti di grave autolesionismo fino al suicidio.

Le ragioni di questa "trascuratezza" della clinica e della ricerca possono essere molteplici, ma non appare utile esaminarle in questa sede.

In questa opera speriamo di colmare eventuali vuoti di conoscenza dei lettori, ma soprattutto vorremmo fornire le basi per ulteriori approfondimenti del tema, perché al di là dell'interesse che si è ormai ravvivato nei confronti dei disturbi neuropsichiatrici in corso di SM, molte e affascinanti sono le questioni aperte. Siamo convinti che le risposte a tali questioni potranno portare vantaggi non indifferenti per le persone con SM, ma non solo: si potrà fare qualcosa di meglio anche per le persone affette da disturbi psico-emotivi sulla base di altre condizioni patologiche.

Lo speriamo vivamente.

Il volume si articola in tre sezioni principali: la prima sezione, intitolata "La sclerosi multipla", cerca di fornire in modo sintetico le informazioni generali sulla SM, spaziando dagli aspetti epidemiologici a quelli neuropatologici, da quelli sintomatologici all'eziopatogenesi e alle terapie di uso più frequente. In questa sezione uno spazio particolare è stato dato alle informazioni sulle metodiche neuroradiologiche: il rilievo, sempre maggiore, che la Risonanza Magnetica, nelle sue varie applicazioni, sta assumendo nella valutazione clinica e nella ricerca inerenti la SM richiedeva una descrizione delle varie metodiche che facesse anche da introduzione ai dati neuroradiologici riportati negli altri capitoli.

La seconda sezione, "I disturbi neuropsichiatrici nella sclerosi multipla", rappresenta la parte specifica del volume: in essa abbiamo fornito gli elementi di conoscenza finora disponibili in merito all'occorrenza dei vari disturbi neuropsichiatrici nella SM, i loro correlati con gli altri aspetti clinici e neuroradiologici, le ipotesi sull'eziopatogenesi. Abbiamo anche inserito un breve capitolo su "Emozioni e sclerosi multipla", un elemento di novità il cui studio potrebbe portare interessanti contributi all'interpretazione delle cause dei disturbi neuropsichiatrici presenti nei pazienti con SM. Il tutto, lo ripetiamo, allo scopo di spingere clinici e ricercatori a colmare le diverse lacune presenti in questo settore.

La terza sezione, "I disturbi cognitivi nella sclerosi multipla", non vuole riportare in modo completo le conoscenze circa tali disfunzioni, perché ciò richiederebbe un volume a parte. I disturbi cognitivi vengono trattati soprattutto per far riflettere sulle possibili relazioni con i disturbi neuropsichiatrici all'interno del quadro generale della SM.

Roma e Napoli, novembre 2010   **Ugo Nocentini**
                                                                Carlo Caltagirone
                                                              Gioacchino Tedeschi

Ringraziamenti

Le prime persone da ringraziare, non per retorica, ma con convinzione sono i pazienti che abbiamo incontrato e incontriamo nel corso dell'attività professionale. Le loro vite si incrociano con le nostre; anche se a volte sentiamo la difficoltà del nostro lavoro, speriamo di aver sempre mostrato loro la nostra umanità, oltre che la nostra scienza. Ringraziamo i pazienti e i loro familiari perché abbiamo imparato molto di quello di cui scriviamo da loro più che dai libri, dalle riviste scientifiche e dai congressi, anche se in molti casi è stato un apprendimento implicito.

Ringraziamo le nostre famiglie per tante cose, ma soprattutto per aver dimostrato, ancora una volta, tanta pazienza nei nostri confronti e per aver condiviso il sacrificio di momenti di vita che avremmo voluto dedicare a loro: sanno di doverci condividere con una passione superiore a volte al nostro stesso volere.

Ringraziamo le istituzioni presso cui lavoriamo per il supporto materiale e morale che forniscono al nostro lavoro clinico e di ricerca.

Ringraziamo in anticipo i lettori, per la fiducia che mostreranno nello scegliere questo libro; speriamo che dopo averlo letto siano loro a ringraziarci.

Last but not least, ringraziamo la casa editrice Springer-Verlag Italia per aver accolto questa iniziativa e soprattutto ringraziamo tutte le persone che in Springer-Verlag Italia e nelle aziende collegate hanno consentito di giungere alla conclusione del percorso: quelle che abbiamo conosciuto, come Antonella Cerri, Catherine Mazars, Donatella Rizza e Corinna Parravicini, ma anche quelle che possiamo solo immaginare all'opera negli uffici o nelle tipografie. Siamo convinti che, se di buon risultato si potrà parlare, sarà solo grazie all'incontro della dedizione di tutti coloro che hanno contribuito a far giungere questo libro nelle mani del lettore.

Indice

Conclusioni 145
Ugo Nocentini, Gioacchino Tedeschi, Carlo Caltagirone

Elenco degli Autori

Simona Bonavita
Dipartimento di Scienze Neurologiche
Seconda Università di Napoli – SUN
Napoli

Daniela Buonanno
Dipartimento di Scienze Neurologiche
Seconda Università di Napoli – SUN
Napoli

Carlo Caltagirone
Dipartimento di Neuroscienze
Università degli Studi di Roma
"Tor Vergata"
IRCCS Fondazione "Santa Lucia"
Roma

Alessandro D'Ambrosio
Dipartimento di Scienze Neurologiche
Seconda Università di Napoli – SUN
Napoli

Manuela de Stefano
Dipartimento di Scienze Neurologiche
Seconda Università di Napoli – SUN
Napoli

Antonio Gallo
Dipartimento di Scienze Neurologiche
Seconda Università di Napoli – SUN
Napoli

MRI Research Center
Laboratorio SUN-FISM
Istituto Hermitage Capodimonte
Napoli

Patrizia Montella
Dipartimento di Scienze Neurologiche
Seconda Università di Napoli – SUN
Napoli

Cinzia Niolu
Cattedra di Psichiatria
Dipartimento di Neuroscienze
Università di Roma "Tor Vergata"
Policlinico Ospedaliero Universitario
"Tor Vergata" di Roma
Roma

Ugo Nocentini
Dipartimento di Neuroscienze
Università degli Studi di Roma "Tor Vergata"
IRCCS Fondazione "Santa Lucia"
Roma

Michele Ribolsi
Cattedra di Psichiatria
Dipartimento di Neuroscienze
Università di Roma "Tor Vergata"
Policlinico Ospedaliero Universitario
"Tor Vergata" di Roma
Roma

Silvia Romano
Centro Neurologico per le Terapie
Sperimentali
UOC Neurologia
Az. Osp. "S. Andrea", Roma
IRCCS Fondazione "Santa Lucia"
Roma

Lucia Sacchetti
Cattedra di Psichiatria
Dipartimento di Neuroscienze
Università di Roma "Tor Vergata"
Policlinico Ospedaliero Universitario
"Tor Vergata" di Roma
Roma

Alberto Siracusano
Cattedra di Psichiatria
Dipartimento di Neuroscienze
Università di Roma "Tor Vergata"
Policlinico Ospedaliero Universitario
"Tor Vergata" di Roma
Roma

Gioacchino Tedeschi
Dipartimento di Scienze Neurologiche
Seconda Università di Napoli – SUN
Napoli
MRI Research Center
Laboratorio SUN-FISM
Istituto Hermitage Capodimonte
Napoli

Parte I
La sclerosi multipla

Aspetti clinici generali

1

1.1
Introduzione
Silvia Romano, Carlo Caltagirone, Ugo Nocentini

La sclerosi multipla (SM) è una malattia infiammatoria cronica, demielinizzante e degenerativa, del sistema nervoso centrale (SNC), a verosimile patogenesi autoimmune e decorso estremamente variabile. Rappresenta, dopo i traumi cranici, la causa più frequente di disabilità neurologica nell'età giovane adulta [1] (circa 2,5 milioni di individui affetti in tutto il mondo, 350.000 solo in Europa).

Il decorso cronico e l'elevata disabilità rendono la SM una patologia ad elevato impatto sulla qualità di vita dei pazienti e dei loro familiari nonché sull'attività lavorativa (maggiori tassi di disoccupazione per le persone affette da SM) [2]. L'Organizzazione Mondiale della Sanità (OMS) ha, infatti, definito la SM una delle malattie socialmente più costose, con un costo sociale annuo di un miliardo e 600 milioni di euro solo in Italia e un costo medio annuo per ogni persona di circa 32.000 euro.

La SM appartiene al gruppo delle malattie demielinizzanti del SNC. Si tratta di un gruppo eterogeneo di patologie neurologiche che hanno in comune il danno relativamente selettivo a carico della mielina del SNC. Le malattie demielinizzanti possono essere classificate in forme primarie, caratterizzate da danno diretto della mielina, o in forme secondarie, in cui il danno della mielina è la conseguenza di un danno neuronale o assonale. Sono classificate come forme primarie, oltre la SM, l'encefalo-mielite acuta disseminata (ADEM), la neurite ottica retro-bulbare (NORB) e un gruppo di patologie considerate varianti particolari di SM (Sclerosi concentrica di Balò, Sclerosi di Schilder, malattia di Marburg, neuromielite ottica o malattia di Devic).

La SM è stata descritta originariamente da Cruveilhier nel 1835 [3], ma la prima vera definizione clinica e neuropatologica risale a qualche anno più tardi [4] quando Charcot, in tre letture (V, VI e VII) presso l'Hôpital de la Salpêtrière, delineò le caratteristiche peculiari di questa patologia. Charcot identificò tre distinte forme (mi-

I disturbi neuropsichiatrici nella sclerosi multipla. Ugo Nocentini, Carlo Caltagirone, Gioacchino Tedeschi (a cura di) © Springer-Verlag Italia 2011

dollare, cerebrale e bulbare) caratterizzate dalla triade sintomatologica tremore intenzionale, nistagmo e parola scandita (attualmente nota come triade di Charcot) e descrisse il danno neuropatologico con perdita di mielina, formazione di cicatrici gliali e conseguente danno assonale. Tuttavia, la prima descrizione suggestiva di un caso di SM risale al XIV secolo: tale descrizione è contenuta nelle memorie di Santa Ludwina di Schiedam: nella documentazione estremamente dettagliata della vita della santa, conservata presso gli Archivi Vaticani, viene descritta una patologia esordita all'età di 16 anni con disturbi motori, con successivo andamento, prima remittente e poi lentamente progressivo.

Come per tutte le patologie autoimmuni, si ritiene che, anche nella SM, si verifichi una disregolazione del sistema immunitario con formazione di cellule immunitarie attivate specificamente contro componenti del SNC: tali cellule sono in grado di aderire alle pareti dei vasi, di attraversarle e di migrare all'interno del tessuto nervoso dove attaccano la guaina mielinica che isola le fibre nervose.

È noto attualmente che la caratteristica principale di questa malattia è un processo infiammatorio che determina la perdita della guaina mielinica e la conseguente degenerazione assonale, con insorgenza di sintomi e segni di sofferenza focale del SNC. Le vie prevalentemente coinvolte in tale processo di demielinizzazione comprendono le vie lunghe e la sostanza bianca periventricolare, il nervo ottico, il midollo spinale, il tronco-encefalo e il cervelletto. La sintomatologia delle fasi acute (primo episodio e recidive) inizialmente tende alla regressione spontanea, ma con il tempo provoca deficit neurologici permanenti. Gli episodi clinici acuti sono caratterizzati quindi dalla presenza di lesioni infiammatorie focali visibili alle immagini di Risonanza Magnetica (RM) come lesioni captanti mezzo di contrasto; nelle fasi più avanzate, con stabilizzazione dei deficit neurologici, la RM evidenzia, oltre alle lesioni iperintense della sostanza bianca, un quadro di neurodegenerazione caratterizzato da atrofia diffusa. Pur trattandosi di una patologia demielinizzante, negli ultimi anni studi neuropatologici e di neuroimmagini hanno dimostrato il coinvolgimento diffuso non solo della sostanza bianca ma anche della sostanza grigia del SNC [5, 6].

Al momento non esiste una cura definitiva per questa patologia, tuttavia l'introduzione dei farmaci in grado di modificare il decorso della patologia (interferoni e glatiramer acetato) ha permesso di ottenere la riduzione dell'attività di malattia (numero di recidive) dimostrata sia clinicamente che con gli esami di RM e di ritardare la progressione della disabilità [7]. Negli ultimi anni, inoltre, si sono resi disponibili nuovi farmaci, quali gli anticorpi monoclonali (natalizumab), e sono state concluse o sono in corso numerose sperimentazioni di fase III su farmaci somministrabili per via orale.

1.2
Epidemiologia
Silvia Romano, Carlo Caltagirone, Ugo Nocentini

La SM si riscontra nelle varie regioni e nelle varie popolazioni della terra con frequenze diverse.

In generale, le frequenze a cui si fa riferimento negli studi epidemiologici su una malattia sono la prevalenza e l'incidenza.

Come vedremo a proposito delle ipotesi sulla patogenesi della SM, le differenze regionali nella sua prevalenza e incidenza hanno contribuito alla formulazione di tali ipotesi.

In termini generali, la prevalenza misura la proporzione di "eventi" presenti in una popolazione in un dato momento. Per "evento" si intende un qualsiasi carattere ricercato; ad esempio: infezione, presenza di anticorpi, stato di gravidanza. Molto spesso l'evento che si ricerca è rappresentato dalla malattia o dall'infezione, e pertanto possiamo dire che la prevalenza misura la proporzione di individui di una popolazione (di uno stato, una regione, una provincia) che, in un dato momento, presentano la malattia. L'incidenza misura invece il numero di nuovi casi di una data malattia che compaiono in un determinato intervallo (ad esempio in un mese o in un anno) e individua il rischio (cioè la probabilità) di contrarre la malattia nella popolazione esaminata. Poiché l'incidenza rappresenta la variazione di una quantità (i nuovi ammalati) rispetto alla variazione di un'altra quantità (il tempo) è considerata una misura dinamica.

Per quanto riguarda la SM, gli studi epidemiologici, così come le ricerche di altra natura, sono resi difficili dalla particolare natura di questa malattia. Infatti, per una ricerca epidemiologica che contribuisca alla formulazione e verifica di ipotesi ezio-patogenetiche, è importante poter contare su livelli di accuratezza nella diagnosi che siano sovrapponibili nelle varie regioni del globo: sono, quindi, necessari criteri diagnostici condivisi e applicabili nelle varie realtà cliniche.

Nel passato, ma ancora nel presente, l'accuratezza e l'applicazione di criteri chiari e uniformi non possono darsi per scontate: basti l'esempio dell'utilizzo dei criteri diagnostici di RM. Un altro punto nell'adeguatezza degli studi epidemiologici che, nel caso della SM, presenta difficoltà, è quello dell'individuazione di un gruppo di controllo di dimensioni e caratteristiche adatte: la SM, pur avendo una maggiore incidenza in una certa fascia d'età, può in realtà esordire dall'infanzia fino alla settima decade; soprattutto, il momento dell'esordio passa spesso misconosciuto.

Un altro aspetto da considerare riguarda il ruolo che giocano nella suscettibilità alla malattia i fattori genetici e razziali, che seppure non ancora chiaramente identificati, rappresentano senza dubbio delle variabili rilevanti.

Nonostante le difficoltà a cui si è accennato, dalle prime stime di prevalenza calcolate dal 1926 al 1929 [8–10] sono stati pubblicati numerosi studi epidemiologici [11–13].

La prevalenza mondiale è stata stimata in circa 2,5 milioni di persone, 400.000 delle quali residenti negli USA e 350.000 in Europa. Alcuni studi hanno preso in considerazione il tasso di decessi attribuibili alla SM in una determinata nazione, area geografica, in aree geografiche diverse all'interno di una stessa nazione; il tutto nella stessa epoca temporale o in epoche diverse. Altri studi sono stati focalizzati sugli indici di prevalenza o incidenza a cui si faceva cenno in precedenza, anche in questo caso prendendo in considerazione i parametri geografici e temporali già citati. Tutti questi studi hanno, ovviamente, considerato gli aspetti differenziali legati al sesso, alla razza ma anche altri aspetti legati ai fattori sociali, economici e culturali. Le informazioni salienti che possono essere derivate da questi studi sono: per quanto riguarda i tassi di mortalità dovuta alla SM, risulta che questi sono più alti nelle zone temperate che in quelle tropicali e subtropicali, più alti in Europa e nell'America del Nord rispetto all'Africa, America del Sud, Asia e nelle regioni mediterranee; tali tassi sono più elevati nelle donne che negli uomini, nei bianchi rispetto ai non bianchi mentre, almeno per quanto riguarda gli Stati Uniti, non vi sarebbero differenze significative tra aree urbane e aree rurali.

Studi di prevalenza hanno evidenziato una distribuzione geografica caratterizzata da tre distinte zone di frequenza della malattia in rapporto alla latitudine. In generale, si può affermare che la prevalenza della SM tende ad aumentare all'aumentare della distanza dall'equatore. Sono state descritte, infatti, zone ad alto rischio, che includono l'Europa settentrionale, il Sud del Canada e il Nord degli USA; zone a medio rischio che includono l'Europa meridionale, il Sud degli USA e l'Australia e infine zone a basso rischio fra cui l'Asia, l'Alaska e l'Africa. Gli attuali tassi di prevalenza (50-80 casi/100.000 abitanti) collocano l'Italia tra i paesi a più alto rischio di malattia. In Italia l'incidenza della SM è di circa 3-8 casi/100.000 abitanti l'anno, con marcate variazioni regionali e picchi che, in Sicilia e Sardegna, raggiungono i 45 casi/100.000 abitanti. Tale ipotesi di un gradiente geografico basato sulla latitudine risulta, però, non applicabile in alcuni studi metodologicamente più adeguati che tentano di rendere attendibile il confronto dei tassi di incidenza e prevalenza [12]. Una meta-analisi degli studi epidemiologici pubblicati tra il 1980 e il 1998, che ha standardizzato i tassi per sesso ed età verso la popolazione europea e mondiale, non ha rilevato alcuna correlazione tra frequenza della SM e latitudine [14]. Piccoli cluster ad elevata prevalenza sono stati identificati nelle zone nord-occidentali della Sardegna [15, 16], in Sicilia [17, 18] e nel nord della Croazia [19].

Nel Regno Unito e nell'America settentrionale, il rischio di sviluppare la SM negli immigrati che provengono dall'Estremo Oriente rimane basso, mentre negli immigrati dall'India il rischio aumenta nella seconda generazione [20]. Tali differenze tra gli immigrati e i loro discendenti potrebbero riflettere un'esposizione molto precoce ad un possibile fattore ambientale. Gli studi di migrazione hanno dato il via a numerose ricerche su possibili fattori ambientali suggerendo anche un ruolo dell'esposizione solare nella patogenesi della SM [21].

Studi eseguiti su popolazioni provenienti dal Sud Africa, Israele, Hawaii e sugli immigrati in Gran Bretagna correlano il rischio di sviluppare la malattia con il luogo di residenza durante l'infanzia [20, 22–24].

Le popolazioni che migrano prima dei 15 anni in un'area nella quale il rischio è diverso da quello del paese d'origine, acquisiscono il rischio proprio del paese d'immigrazione [23]. Tuttavia un'analisi eseguita su una popolazione australiana estremamente omogenea non ha mostrato alcun effetto legato all'età di migrazione considerando come cut off l'età di 15 anni, suggerendo che il rischio di esposizione copra una fascia di età più ampia di quanto inizialmente ipotizzato [25].

Questi dati supportano il ruolo causale dei fattori ambientali nella patogenesi della malattia, suggerendo l'ipotesi che la SM sia acquisita molto prima dell'esordio clinico. Anche gli studi di migrazione presentano, tuttavia, dei limiti legati a stime eseguite su tassi originati da campioni numericamente non rappresentativi e non consentono di identificare con precisione il momento in cui si verificherebbe l'esposizione al fattore o ai fattori ambientali (effetto cumulativo).

La SM esordisce generalmente fra i 25,3 e i 31,8 anni, con un picco di inciden-za intorno ai 29,2 anni [26]. Sono descritti tuttavia anche casi di SM pediatrica (cir-ca il 2,7%) e casi ad esordio dopo i 60 anni [27, 28].

L'età media di esordio tende ad essere più bassa nelle zone orientali del Medi-terraneo (26,9) mentre tende ad aumentare in Europa (29,2), Africa (29,3), America (29,4), e sud-est asiatico (29,5) fino a raggiungere il valore più alto nelle zone del pacifico occidentale (33,3). In generale si può affermare che i paesi a basso reddito presentano un'età media di esordio di 28,9 anni mentre paesi ad alto reddito raggiun-gono un valore medio di età di esordio pari a 29,5 [26].

La SM colpisce maggiormente il sesso femminile, con un rapporto maschi/fem-mine di 0,5 (range 0,40-0,67). Tale rapporto risulta più basso in Europa (0,6) e più alto in Africa (0,33) e nelle zone del pacifico occidentale (0,31). Non esistono dif-ferenze per quanto riguarda le classi di reddito [26].

1.3
Sintomatologia
Ugo Nocentini, Silvia Romano, Carlo Caltagirone

Le caratteristiche cliniche della SM, sia in termini di esordio di malattia (età, sinto-mi, modalità di presentazione) che in termini di evoluzione a breve e lungo termine (decorso, frequenza di ricadute, velocità e grado di progressione) sono estremamen-te variabili da paziente a paziente. Esistono, quindi, numerose classificazioni della malattia che valutano gli aspetti caratteristici della SM quali decorso, sintomatolo-gia e semeiologia, localizzazione lesionale.

Sulla base dell'andamento temporale è stata elaborata la più nota classificazio-ne dei sottotipi o forme cliniche di SM. Quelli abitualmente presi in considerazione sono i seguenti sottotipi [29]:
- SM recidivante-remittente (RR): è la forma più frequente di malattia, circa il 50% dei casi, ed è caratterizzata da ricadute seguite da un recupero completo o parziale delle funzioni compromesse, con decorso stabile e assenza di progressione nelle fa-si tra gli episodi. Si definisce ricaduta o recidiva l'insorgenza, acuta o subacuta, di sintomi o segni obiettivi di disfunzione neurologica o l'aggravamento di sintomi pree-sistenti che presentino una durata maggiore di 24 ore. Qualora la sintomatologia si manifesti a una distanza inferiore ai trenta giorni dalla precedente ricaduta, i sinto-mi sono considerati come appartenenti ad un unico episodio. Inoltre non sono con-siderati indice di ricaduta i sintomi che compaiono durante un episodio febbrile o in associazione con altre condizioni patologiche. Al contrario rientrano nella definizio-ne di ricaduta deficit neurologici, anche di breve durata, che si presentino più volte nell'arco della giornata e per più giorni. La frequenza delle ricadute è estremamen-te variabile, come variabili sono gli esiti; in generale risultano essere più frequenti nei primi anni e tendono a ridursi nel corso della malattia;
- SM secondariamente progressiva (SP): non è una forma di esordio della malattia,

ma si presenta dopo un periodo, più o meno lungo, caratterizzato dalla forma RR; la fase progressiva comporta un peggioramento continuo dei deficit neurologici, in cui si possono inserire episodi di recidiva o fasi di stabilizzazione e, anche se più raramente, dei miglioramenti. Sia i tempi e i modi di passaggio dalla forma RR alla forma SP che la rapidità della progressione sono estremamente variabili da paziente a paziente;
- SM primariamente progressiva (PP): è caratterizzata da progressione della malattia fin dall'esordio, talora con fasi di stazionarietà o lieve e transitorio miglioramento;
- SM progressiva-recidivante (PR): anche in questa forma si assiste ad un andamento progressivo fin dall'inizio, ma in questo caso si inseriscono degli evidenti episodi di recidiva a cui può seguire un recupero più o meno completo dei deficit che hanno caratterizzato l'episodio acuto.

Esistono poi altre forme di SM classificate sulla base della gravità di malattia e non ancora ben caratterizzate: le forme maligne e le forme benigne. Si definisce SM maligna una malattia con un decorso rapidamente progressivo che determina una disabilità severa in numerosi sistemi funzionali o causa la morte a distanza relativamente breve dall'esordio. La SM benigna è, invece, una forma di malattia caratterizzata da assenza di disabilità o disabilità lieve (*Expanded Disability Status Scale*, EDSS ≤3,5) dopo un periodo di 15 anni dall'esordio [30]. Tuttavia, studi recenti hanno dimostrato che, in realtà, anche le forme cosiddette benigne presentano disturbi cognitivi significativi [31]; inoltre, se si prolunga l'osservazione oltre i 30 anni, molte delle forme benigne sviluppano disabilità [32].

Sono anche contemplate altre forme particolari, quali la SM transizionale, termine che definisce due diverse condizioni: una patologia caratterizzata da un decorso progressivo che inizia mesi o anni dopo un episodio clinico suggestivo di SM; il periodo, privo di attività di malattia, tra la fase recidivante-remittente e la fase secondariamente-progressiva.

Per quanto riguarda l'esordio clinico, nel 90% dei casi il paziente presenta un esordio di tipo monosintomatico acuto, denominato Sindrome Clinicamente Isolata (*Clinically Isolated Syndrome* – CIS) generalmente caratterizzato dal coinvolgimento di un unico sistema funzionale. Non è possibile indicare una particolare tipologia sintomatologica e semeiologica di esordio; tuttavia, tra i molteplici sintomi e segni che possono essere causati da questa malattia, ve ne sono alcuni che, più frequentemente, caratterizzano il primo episodio. Tuttora, anche se meno che nel passato, un primo ipotetico episodio viene ricostruito sulla base della descrizione a posteriori da parte del paziente e/o dei suoi familiari di un evento patologico più o meno remoto, interpretato all'epoca come un evento di scarsa rilevanza o non collegato alla possibilità della SM.

Nella maggior parte dei casi il sintomo iniziale può essere rappresentato da un'ipostenia ad uno o a più arti (40%), una NORB (22%), disturbi sensitivi quali parestesie e disestesie (18%), sintomi cerebellari (15%); più raramente i sintomi di esordio sono caratterizzati da diplopia, vertigini e disturbi della minzione (10%). Il 20% dei pazienti invece presenta un esordio polisintomatico.

I sintomi dell'esordio variano sensibilmente con l'età; mentre i disturbi motori e delle sensibilità tendono a prevalere quando l'esordio si verifica in età avanzata, i disturbi dell'oculomozione e i deficit visivi, quali la NORB, tendono a presentarsi nei soggetti più giovani. La frequenza dei disturbi cerebellari non risente dell'età di esordio della SM.

I sintomi e segni neurologici sopra menzionati sono, comunque, di abbastanza frequente riscontro all'esordio, sia come quadri isolati che variamente combinati tra di loro. Vi sono molti altri deficit che, pur presentandosi con frequenze molto minori all'esordio, possono comunque rappresentare l'apparire della SM. Nei casi in cui un determinato sintomo o segno neurologico non evochi chiaramente la possibilità della SM, sono spesso gli esami strumentali, e più di tutti l'esame di RM, che aggiungono elementi di sospetto per la diagnosi di tale malattia.

Tra i sintomi e segni che raramente si presentano all'esordio, vanno annoverati: interessamento isolato di nervi cranici diversi dal nervo ottico e dagli oculomotori, ad esempio la nevralgia trigeminale o la paresi del facciale; disturbi parossistici e manifestazioni epilettiche; disturbi delle funzioni cognitive e disturbi psichiatrici; disfunzioni urogenitali. Tutti questi quadri hanno una frequenza superiore, in alcuni casi in misura notevole, durante il decorso della malattia rispetto a quanto può essere osservato all'esordio.

Nuovi episodi si verificano in maniera casuale con una frequenza di ricadute di circa 1,5 per anno. Nelle fasi iniziali di malattia dopo ogni attacco si assiste, generalmente, ad una remissione completa della sintomatologia; successivamente la remissione tende ad essere incompleta con accumulo di disabilità. Molti studi sono stati condotti riguardo variabili cliniche o demografiche che possono condizionare il decorso di malattia e la sopravvivenza nella SM [33–36]. Età di esordio, sesso e sintomi iniziali sono stati i determinanti prognostici più spesso studiati. Queste variabili sono risultate essere interdipendenti. La NORB e i disturbi di sensibilità, come manifestazioni cliniche iniziali, sono risultati prognosticamente favorevoli [37–39], mentre segni clinici piramidali e cerebellari e la presenza contemporanea di più sintomi, sembrano associati ad una prognosi peggiore [37].

La SM, a causa delle caratteristiche di casuale e multipla distribuzione spaziale delle lesioni, può dare luogo a sintomi e segni da interessamento di qualsiasi settore del SNC.

1.3.1
Disturbi da interessamento del sistema piramidale

Alterazioni anche minime del sistema piramidale sono riscontrabili pressoché nel 100% dei pazienti. Può essere presente un'ipostenia, localizzata ad uno o più arti, di grado variabile da una lieve paresi fino alla plegia. All'ipostenia si associa spesso la spasticità che può manifestarsi sia in flessione che in estensione. La spasticità costituisce una delle principali cause di disabilità: interferisce con il fisiologico movimento degli arti e può portare ad alterazioni tendinee e ad anchilosi delle articolazioni interessate; nelle forme gravi può interessare la muscolatura assiale interferendo con la dinamica respiratoria e costringendo il paziente ad assumere posture anomale con le relative conseguenze. All'esame neurologico sono evidenti i segni di una paralisi centrale ipertonica con iperreflessia profonda, riflessi patologici quali l'Hoffmann, il fenomeno di Babinski, il clono del piede e, più raramente, della rotula.

1.3.2
Deficit delle sensibilità somatiche

Sono spesso il sintomo d'esordio e la loro comparsa, lungo il decorso della malattia, è costante. Sono causati da lesioni dei cordoni posteriori, delle vie spino-talamiche o delle zone d'ingresso delle radici posteriori. Caratteristica è la distribuzione irregolare della diminuzione o della perdita della sensibilità tattile e/o termo-dolorifica; i deficit sensitivi non hanno caratteristiche distintive rispetto a quanto può presentarsi in altre patologie. Vengono riferiti dai pazienti come sensazioni di intorpidimento, di formicolio, di fasciatura, di gonfiore. All'esame obiettivo, specie nelle fasi iniziali, non si evidenziano marcate alterazioni, ma il paziente può avvertire lo stimolo tattile, termico o dolorifico come lontano o diverso. Nelle fasi più avanzate residuano spesso parestesie e disestesie alle dita delle mani e dei piedi, ipoestesia distale agli arti inferiori e molto frequentemente si evidenzia una compromissione delle sensibilità profonde, in particolare della pallestesia, agli arti inferiori. Molti pazienti riferiscono una sensazione di "scossa elettrica" o formicolio in sede paravertebrale troncale, con irradiazione agli arti inferiori, nei movimenti di flessione del capo. Tale sintomatologia, definita "segno di Lhermitte", è stata considerata quasi patognomonica della SM; in realtà, può verificarsi anche in seguito a lesioni midollari cervicali o irritazioni meningee di altra eziologia.

1.3.3
Disturbi cerebellari

Non sono un sintomo frequente all'esordio, ma possono diventare comuni in seguito. Possono manifestarsi in maniera sfumata, venendo, in queste condizioni, percepiti come sensazioni di sbandamento, eventualmente accompagnati da vertigine soggettiva, senso di instabilità e incertezza nel mantenimento dell'equilibrio. Solo nei casi più conclamati possono comparire, invece, atassia sia statica sia dinamica con andatura atasso-spastica, tremore intenzionale, disdiadococinesia, ipotonia, parola scandita e nistagmo: quest'ultimo è espressione di lesioni a carico delle vie cerebellari o di quelle internucleari del tronco encefalo. Si tratta di disturbi alquanto invalidanti, con scarsa tendenza alla regressione e resistenti alle terapie sintomatiche attualmente disponibili; pertanto, la loro comparsa sin dall'esordio di malattia depone con buona attendibilità per una prognosi peggiore.

1.3.4
Disturbi visivi

La NORB è il sintomo d'esordio nel 22% dei casi e circa il 50% dei pazienti che hanno presentato una neurite ottica sviluppa, in seguito, una SM clinicamente definita. La sua incidenza, nella popolazione giovanile, è attualmente stimata intorno al 20-25% dei casi, e pare ridursi progressivamente con l'età. Segni e sintomi clinici ad

essa correlati comprendono un deficit acuto o subacuto monolaterale (raramente bilaterale) della funzione visiva, spesso associato a dolore retrobulbare (ulteriormente esacerbato dai movimenti oculari). Il calo dell'acuità visiva (da pochi decimi fino alla completa cecità) non è correggibile con lenti, ed è generalmente percepito dal
paziente sotto forma di visione appannata, annebbiata. La diminuzione dell'acuità
visiva è resa ancora più marcata dall'aumento della temperatura oppure in conseguenza di un rialzo febbrile o di prolungato esercizio fisico. Questo fenomeno, che depone per un transitorio peggioramento della conduzione nervosa, è clinicamente definito "segno di Uhtoff". Non mancano, comunque, le forme asintomatiche, la cui
diagnosi può essere formulata sulla base degli eventuali allungamenti della latenza
dei Potenziali Evocati Visivi (PEV). Generalmente il rapido deterioramento della funzione visiva si attenua nell'arco di 10-14 giorni; segue, poi, un graduale miglioramento nelle 4-6 settimane successive, anche se talora il recupero può essere parziale e può rimanere una diminuita sensibilità ai colori. Durante la fase acuta il disco
ottico appare quasi sempre normale, assumendo, invece, un colorito pallido ad alcune settimane di distanza dall'esordio. Tale pallore, che solitamente permane anche
in caso di completo recupero del disturbo, è prevalentemente localizzato a livello dei
settori temporali. Il difetto campimetrico dirimente è rappresentato da uno scotoma
centrale, sebbene, secondo quanto emerso da uno studio multicentrico americano [40],
sia possibile riscontrare anche deficit bilaterali, scotomi paracentrali e arciformi.

1.3.5
Sintomatologia dolorosa

Vari tipi di dolore possono comparire in conseguenza della SM; nel complesso la loro incidenza è piuttosto alta e forse tale sintomatologia è sottostimata; a parte i dolori parossistici (es. dolori nevralgici), si riscontrano dolori neuropatici cronici e dolori muscolo-scheletrici: i primi riguardano più spesso gli arti inferiori e hanno caratteristiche variabili; i secondi riconoscono più elementi causali.

1.3.6
Disturbi da interessamento del tronco cerebrale

Sotto tale voce possono ovviamente entrare anche i disturbi motori e cerebellari, ma
essendo essi considerati separatamente, perché legati alla lesione di specifici sistemi neurologici, si fa riferimento, con tale dicitura, ai disturbi da interessamento dei
nervi cranici e del sistema vestibolare o alla sindrome bulbare.
   Nel caso dell'interessamento della porzione bulbare del tronco cerebrale si presenta una sintomatologia caratterizzata da disfagia e disartria, alterazioni delle sensibilità
a carico della bocca e della faringe; se, invece, il danno riguarda i tratti cortico-bulbari, si ha la cosiddetta sindrome pseudobulbare che oltre alla disartria e alla disfagia da
danno sopranucleare, si presenta con incontinenza emotiva, riso e pianto spastico.
   Una lesione del VI, del III o, più raramente, del IV nervo cranico può essere respon-

sabile dell'insorgenza di diplopia, spesso a decorso favorevole con regressione. Più frequente è la paralisi internucleare, conseguenza di una lesione del fascicolo longitudinale, che si manifesta con deficit dell'adduzione e nistagmo orizzontale nell'occhio abdotto.

La paresi del facciale, i deficit delle sensibilità da danno trigeminale e il nistagmo, sono disturbi di frequente riscontro.

1.3.7
Disturbi delle funzioni autonomiche

Circa il 90% dei pazienti con SM lamenta durante il decorso della malattia, disfunzioni sfinteriche o sessuali.

1.3.7.1
Disturbi vescicali

Possono presentarsi tre quadri: iperattività o mancata inibizione vescicale; ipoattività o flaccidità vescicale; dissinergia sfinterico-detrusoriale.

Una conseguenza importante dei disturbi vescicali è rappresentata dal notevole rischio che essi comportano per il verificarsi di infezioni delle vie urinarie, con possibilità di infezioni generalizzate (sepsi di origine urinaria) e interessamento dei reni con conseguente alterazione della funzione di questi organi.

La spasticità agli arti inferiori influenza lo stato della contrazione vescicale con correlazioni significative tra il grado di disabilità motoria da interessamento del sistema piramidale e il grado dei disturbi vescicali; le infezioni vescicali e delle vie urinarie influenzano, in senso peggiorativo, l'ipertonia piramidale degli arti inferiori.

1.3.7.2
Disfunzioni intestinali

È più frequente che vi sia costipazione, ma si può avere anche urgenza fecale fino all'incontinenza; a provocare tali disturbi concorrono, probabilmente, più fattori in parte relativi alle disfunzioni nel funzionamento degli sfinteri anali, interno ed esterno, in parte relativi a problemi alimentari, psicologici, gestionali.

1.3.7.3
Disfunzioni sessuali

Sembrano essere più frequenti negli uomini rispetto alle donne; nei primi le disfunzioni dell'erezione sono le più comuni, con gravità variabile, ma si rilevano anche disturbi dell'eiaculazione e della fase dell'orgasmo. Nelle donne si riscontrano anorgasmia, secchezza vaginale e riduzione della libido. Le disfunzioni sessuali possono riconoscere causalità di ordine primariamente organico diretto (alterazioni delle sensibilità nella regione perineale, alterazioni nell'innervazione vegetativa), essere in relazione a deficit fisici di altra natura (problemi di motilità e tono degli arti inferiori, disfunzioni vescicali e intestinali, fatica) ma derivare anche da problemi di ordine psicologico (disturbi dell'umore, imbarazzo, perdita di interesse e dell'autostima).

1.3.8
Disfunzioni cognitive e disturbi psichiatrici

Questi aspetti rappresentano elementi importanti, per frequenza e impatto sulle capacità funzionali, del quadro clinico dei pazienti con SM. Alla luce del tema specifico di questo testo, alla descrizione di tali aspetti verranno dedicate delle apposite sezioni.

1.3.9
Disturbi di difficile localizzazione o interpretazione

1.3.9.1
Fatica

La fatica collegata alla SM viene definita o come una sensazione di stanchezza sproporzionata rispetto allo sforzo compiuto, o come una sensazione di debolezza, di incapacità a generare sufficiente forza muscolare o come l'incapacità di sostenere prestazioni fisiche o mentali. Il Multiple Sclerosis Council for Clinical Practice Guidelines l'ha definita [41] come "una carenza soggettiva di energia fisica e/o mentale percepita dal soggetto o dal caregiver come una interferenza con le attività usuali e desiderate". Comunque la si voglia definire, la fatica rappresenta un disturbo molto frequente nei pazienti con SM; il suo impatto sull'efficienza dei pazienti è, in molti casi, importante e numerosi pazienti considerano tale disturbo come il più problematico tra quelli che avvertono [42–44].

È spesso presente già nella fase di esordio della malattia e accompagna, poi, il paziente per tutto il decorso, con incremento e decremento dell'intensità del fenomeno a volte non spiegabile; a volte è collegabile a una recidiva, ad altre patologie intercorrenti o a situazioni che hanno causato un incremento della temperatura corporea (esercizio fisico, specie se eccessivo; esposizione ad alte temperature). L'intensità della fatica può essere da lieve a grave e non appare significativamente correlabile ai livelli di disabilità. Di solito presenta un andamento temporale all'interno di una stessa giornata, con i livelli più bassi al risveglio mattutino o dopo periodi di riposo e i livelli più alti alla sera.

1.3.9.2
Cefalea

Le cefalee sono abbastanza frequenti nei pazienti con SM, ma si ritiene che si tratti di una coincidenza dovuta all'alta frequenza delle prime. Alcuni tipi di cefalea, ad esempio quella muscolo-tensiva, sono più frequenti; tale tipo di cefalea sembra legato ai fenomeni a carico della muscolatura cervicale o dello scalpo, dove possono essere presenti spasmi. In altri casi la cefalea è legata o a vaste lesioni con comportamento pseudo-tumorale o a lesioni situate in punti critici per la circolazione liquorale con conseguente blocco della stessa e aumento della pressione intracranica. In altri casi ancora i dolori cranici possono essere legati alla neurite ottica retrobulbare o a disturbi dell'oculomozione.

1.3.9.3
Sintomi parossistici

In questa categoria vengono compresi quei sintomi che si presentano in modo improvviso, per un brevissimo periodo di tempo (da pochi secondi a 2-3 minuti), per scomparire spontaneamente. Possono occorrere anche decine o centinaia di volte al giorno. Solitamente tale situazione perdura per un periodo di tempo che va da qualche settimana a qualche mese. Colpiscono una percentuale significativa di pazienti; non sembra esserci una relazione univoca con particolari localizzazioni lesionali, mentre sembra esserci una relazione con l'elevazione della temperatura corporea. Sulla base di dati clinici ed elettroencefalografici, sembra escluso che si tratti di episodi critici di natura comiziale; non deve, però, sorprendere che i farmaci anticomiziali siano efficaci nel controllo di tali sintomi. Il meccanismo causale dei disturbi parossistici sembra riconducibile alle modificazioni indotte dal processo di demielinizzazione nelle proprietà elettrochimiche delle membrane assonali. Rientrano in questa definizione episodi di diplopia, di atassia, di disartria, di prurito, di spasmi e di movimenti involontari, di debolezza transitoria degli arti inferiori, di dolori, disestesie e parestesie.

1.3.10
Altri disturbi

1.3.10.1
Crisi comiziali

Incidenza piuttosto bassa; spesso la causa non è riconducibile alla SM, ma a un'altra condizione patologica che si presenta come associazione casuale con la SM. Tra le lesioni della SM quelle più probabilmente legate alla genesi delle crisi comiziali sono quelle al confine tra sostanza bianca e sostanza grigia (lesioni juxta-corticali).

1.3.10.2
Disturbi del sonno

Tali disturbi (insonnia, disordini notturni del movimento, disturbi respiratori nel

sonno, narcolessia e disordini del sonno REM) sembrano avere una incidenza piuttosto alta; alla base dei disturbi del sonno vi sono più fattori e non è possibile stabilire se siano una conseguenza diretta (particolare localizzazione lesionale) o indiretta della malattia.

1.4
Eziopatogenesi
Silvia Romano, Ugo Nocentini, Carlo Caltagirone

L'eziologia della SM è ignota e in gran parte sconosciuti sono i meccanismi patogenetici responsabili della demielinizzazione e del decorso clinico. Tuttavia i modelli
sperimentali della malattia, come l'encefalite allergica sperimentale (EAE), la demielinizzazione indotta da virus, e i numerosi dati clinici e di laboratorio suggeriscono
che la SM sia una malattia multifattoriale in cui uno o più fattori ambientali, in soggetti geneticamente predisposti, contribuiscono ad attivare una risposta immune diretta contro antigeni della mielina.

È importante considerare da un punto di vista patogenetico:
a) fattori genetici: numerosi sono gli studi che hanno tentato di analizzare gli aspetti genetici di questa patologia. La SM è contraddistinta da un alto livello di familiarità; i parenti dei pazienti affetti sono esposti ad un rischio di sviluppare la malattia superiore di circa 20-50 volte rispetto ai soggetti che non presentano un familiare affetto. Studi effettuati su gemelli monozigoti hanno inoltre confermato valori di concordanza dal 25% al 31% [45] che corrispondono a circa 6 volte il tasso di concordanza nei gemelli dizigoti (5%). Già negli anni '70 era nota l'associazione con gli alleli MHC [46, 47]; studi effettuati negli anni successivi hanno
definito tale associazione, identificando una suscettibilità legata agli aplotipi DR15
e DQ6 e ai corrispondenti genotipi DRB1*1501, DRB5*0101, DQA1*0102 e
DQB2*0602 [48]. La suddetta associazione, presente in tutte le popolazioni, è più
forte nell'Europa settentrionale. Sono descritte tuttavia alcune eccezioni quali le
popolazioni della Sardegna e di alcune aree del Mediterraneo in cui l'associazione è stata evidenziata con l'aplotipo DR4 (DRB1*0405–DQA1*0301–DQB1*0302)
[49]. Sulla base di questi risultati sono stati sviluppati nuovi approcci per identificare altri fattori genetici di rischio: studi di linkage o di associazione su geni can-
didati la cui scelta deriva dalle conoscenze sulla patogenesi della malattia; studi di
screening genomico che analizzano specifiche regioni cromosomiche e utilizza-
no marcatori per creare studi di *linkage disequilibrium*; studi su popolazioni geneticamente isolate, quali la popolazione della Sardegna, che rappresentano le popolazioni di studio ideali per meglio comprendere il ruolo dei fattori genetici. Grazie a questi nuovi approcci metodologici è emersa anche una possibile associazione con il gene che codifica per il recettore dell'interleuchina 2 e la catena alfa del
recettore dell'interleuchina 7 [50–53];
b) fattori virali: gli studi epidemiologici hanno indicato l'esistenza di uno o più fattori ambientali che agiscono verosimilmente nel periodo dell'infanzia e dell'ado-

lescenza e per i quali i soggetti che svilupperanno la SM sembrano avere una particolare suscettibilità. Sono stati chiamati in causa numerosi agenti infettivi, in particolare virali, ma nessuno si è dimostrato specifico. Studi eseguiti sul modello animale di SM, l'EAE, hanno dimostrato che una risposta autoimmune rivolta verso antigeni *self* è alla base dello sviluppo della malattia. Il modello animale ha evidenziato che il requisito fondamentale per l'instaurarsi del processo autoimmune demielinizzante nel SNC è rappresentato dall'attivazione nel sangue periferico di cellule T specifiche per gli antigeni mielinici [54, 55]. Questo processo potrebbe essere scatenato dal mimetismo molecolare tra proteine del virus infettante e strutture *self* espresse dal SNC, così come da fenomeni di *bystander activation* legati all'infezione di un patogeno. Tra i virus maggiormente studiati vi sono alcuni Herpes virus che inducono nell'uomo un'infezione cronica, il virus neurotropico Human herpes virus 6 (HHV6) e quello linfotropico Epstein-Barr virus (EBV). Mentre i dati sierologici e molecolari che mettono in relazione il virus HHV6 con lo sviluppo della malattia sembrano essere discordanti [55], più affidabili appaiono i risultati inerenti l'EBV. È stato, infatti, dimostrato che il grado di sieropositività del virus è significativamente più elevato nei pazienti rispetto ai sani [56]; inoltre, uno studio recente ha evidenziato la presenza di cellule B infettate con il virus EBV a livello di follicoli linfoidi cerebrali nei pazienti affetti da SM; è stata ipotizzata una correlazione tra riattivazione del virus a livello dei follicoli, episodi di infiammazione acuta e ricadute [57];

c) fattori immunologici: dati clinici, anatomopatologici e sperimentali supportano l'ipotesi che si tratti di una malattia infiammatoria a genesi autoimmune. Nella SM è stato dimostrato il coinvolgimento sia dei linfociti T che dei linfociti B. I linfociti T svolgono un ruolo fondamentale nell'immunità adattativa (cioè nelle risposte verso antigeni specifici già noti): agiscono in maniera diretta contro le cellule che esprimono antigeni estranei come virus o cellule tumorali (linfociti T citotossici); producono citochine necessarie per la proliferazione delle altre cellule del sistema immunitario (linfociti T helper1 e linfociti T helper2); svolgono l'attività di supervisori delle risposte immunitarie (linfociti T regolatori e suppression). I linfociti T sono comunemente classificati in base alla presenza di antigeni di superficie in cellule T CD4+ e in cellule T CD8+; appartengono al primo gruppo i linfociti T helper e regolatori, mentre rientrano nel secondo gruppo i linfociti T citotossici e suppression. I linfociti B sono invece deputati alla produzione di anticorpi e alla presentazione degli antigeni alle cellule T helper.

Come nell'artrite reumatoide, anche nella SM è stata descritta una tendenza del sistema immunitario verso una risposta mediata da linfociti di tipo T helper1 con produzione di citochine quali interferon gamma e interleuchina 2 piuttosto che di tipo T helper2 [58]. Questo dato è confermato dal peggioramento clinico indotto dalla somministrazione di γ-interferon che avrebbe quindi un'azione pro-infiammatoria [59].

La patogenesi autoimmune è supportata, inoltre, dall'esistenza di un modello sperimentale di EAE che viene indotta immunizzando animali suscettibili con antigeni mielinici ed è mediata dai linfociti T CD4+ attivi verso la MBP [54, 55]; è stato dimostrato, infatti, che il trasferimento di questi linfociti da un animale affetto a un animale sano determina lo sviluppo della malattia. L'EAE grazie alle numerose analogie, anatomopatologiche e cliniche, con la SM come gli infiltrati linfo-monocitari, la gliosi e i processi di demielinizzazione è risultata estremamente utile per studiare alcuni meccanismi patogenetici alla base della malattia.

Negli ultimi anni numerosi studi hanno focalizzato l'attenzione sull'azione delle cellule regolatorie dimostrando che nei pazienti con SM potrebbe essere presente un'ipofunzione di un sottotipo di queste cellule (CD4+, CD25) [60, 61].

Nella SM sono descritte anche alterazioni della risposta immunitaria di tipo anticorpale; circa il 90% dei pazienti, infatti, presenta le bande oligoclonali nel liquor e la loro ricerca è stata per molti anni fondamentale per soddisfare i criteri per la diagnosi di SM [62]. Numerosi studi hanno descritto un'attivazione anticorpale caratterizzata da anticorpi diretti contro proteine della mielina nel siero. Berger e coll. [63] hanno rilevato la presenza di anticorpi anti-MOG (proteina mielinica oligodendrocita-associata) con o senza associazione con gli anticorpi anti proteina basica della mielina (MBP) nei pazienti con un episodio iniziale e la presenza di lesioni multifocali alla RM suggestive di SM. Tali anticorpi sembrerebbero influire sul decorso della malattia in quanto la loro presenza costituisce un fattore di rischio per la conversione alla forma definita di malattia.

La causa prima della SM rimane sconosciuta. Come abbiamo visto, esiste un accordo ampio sul ruolo di meccanismi immunitari deviati nel provocare le lesioni tipiche della malattia; molti dei dati sulle caratteristiche di questi processi derivano dallo studio della EAE. Alcuni ricercatori sottolineano periodicamente che è sempre necessaria una certa cautela nel trasferire automaticamente le informazioni derivate dalla EAE alla malattia umana [vedi 64, per una recentissima riproposizione del tema]. Alcuni ricercatori arrivano a porre in dubbio la stessa appartenenza della SM alle malattie autoimmuni [65]. Anche l'ipotesi avanzata recentemente circa il ruolo di alterazioni del deflusso venoso dal SNC nella patogenesi della SM [66], pur necessitando di approfondite verifiche, ci richiama alla necessità di esplorare ogni possibile via nella ricerca della corretta interpretazione patogenetica. Senza chiusure e con la consapevolezza che a volte può essere necessario un cambiamento di paradigma [67].

1.5
Neuropatologia
Silvia Romano, Carlo Caltagirone, Ugo Nocentini

Nel trattare gli aspetti neuropatologici riguardanti la SM si farà riferimento alla forma classica della suddetta patologia.

La lesione istopatologica tipica della SM è la placca di demielinizzazione, la quale appunto viene indicata in una delle altre denominazioni della SM, quella di Sclerosi a Placche. Le placche di demielinizzazione hanno una estensione variabile e più di una forma.

Si è ormai appurato che le placche oltre ad essere presenti nella sostanza bianca del cervello, del cervelletto, del tronco cerebrale e del midollo spinale sono presenti anche nella sostanza grigia. Per quanto riguarda la sostanza bianca, le regioni periventricolari, il nervo ottico, il corpo calloso e i fasci spinali sono sedi particolarmente interessate dai processi infiammatori e demielinizzanti della SM e sono pertanto sedi in cui le placche sono facilmente individuabili.

Sono stati suggeriti vari schemi che suddividono le placche sulla base del livello di attività dei processi patologici, dello stadio di malattia e dei presunti processi patogenetici.

Uno schema possibile suddivide le placche in:
- placche attive: sono caratterizzate da infiltrati perivascolari di linfociti e macrofagi, un certo numero dei quali, con notevoli inclusioni lipidiche, è distribuito nell'intera estensione della placca; le inclusioni lipidiche sono il frutto dell'attività macrofagica nei confronti dei detriti della mielina;
- placche inattive: caratterizzate da una scarsa cellularità e da intensi aspetti gliotici insieme con il depaurament assonale;
- placche croniche attive: anche queste mostrano scarsa cellularità e intensa gliosi ma concomita l'infiltrazione di macrofagi ripieni di lipidi nella zona periferica della placca;
- placche ombra: regioni nettamente circoscritte con riduzione della mielina in cui si è verificata una rimielinizzazione degli assoni con apposizione di un sottile strato di rivestimento mielinico.

Le sezioni del SNC evidenziano la contemporanea presenza dei diversi tipi di placche, sia secondo il parametro del grado di attività che secondo quello della forma o delle dimensioni. L'interessamento cerebrale, cerebellare e troncale è marcatamente asimmetrico. Le placche possono essere riscontrate anche a livello della corteccia cerebrale, in particolare nella regione subpiale, nei nuclei profondi di sostanza grigia e nella sostanza grigia midollare.

Sebbene i primi studi neuropatologici sulla SM avessero già descritto un coinvolgimento della sostanza grigia [68–70] è solo negli ultimi anni che, grazie alle nuove metodiche di RM, è stato possibile stabilire l'importanza delle lesioni di tale sostanza. In seguito all'introduzione delle sequenze di RM di tipo *double inversion recovery,* che sopprimono selettivamente il segnale del liquor cerebrospinale e della sostanza bianca, è stato possibile evidenziare che le lesioni corticali sono consistentemente presenti, non solo nei pazienti con una forma progressiva di malattia, ma anche nei pazienti con presentano la forma RR o la CIS [71, 72]. Secondo una classificazione morfologica, le lesioni corticali si distinguono in: 1) lesioni corticali/juxtacorticali che interessano gli strati profondi della corteccia e la sostanza bianca sottocorticale (lesioni di tipo I); 2) lesioni che interessano tutti gli strati corticali senza coinvolgere la sostanza bianca e che spesso sono caratterizzate dalla presenza di un vaso centrale (lesioni di tipo II) e lesioni subpiali che si estendono dalla pia alla corteccia interessando gli strati corticali più superficiali (lesioni di tipo III/IV) [73, 74]. Lesioni corticali sono state descritte con maggiore frequenza in zone caratterizzate da una circolazione liquorale più lenta quali i solchi più profondi, l'insula e la corteccia del cingolo [75–77]; tale dato sostiene l'ipotesi che un fattore solubile, prodotto da infiltrati linfocitari nelle meningi [78], possa diffondere nella corteccia determinandone la demielinizzazione, sia per azione diretta che probabilmente attraverso un'attivazione microgliale. Da un punto di vista immunologico, rispetto alle lesioni tipi-

che della sostanza bianca, nelle lesioni corticali il processo infiammatorio è meno esteso e caratterizzato da una minore concentrazione di cellule infiammatorie (cellule CD3+
e CD68+) [74], da una pressoché assente deposizione di fattori del complemento [79]
e da una sostanziale integrità della barriera emato-encefalica [80].

L'esame istologico permette di individuare altre caratteristiche distintive della placca della SM rispetto a lesioni della mielina di altra natura: nella placca di SM sono
sempre individuabili assoni residui nelle regioni in cui si è verificata la distruzione
della mielina; analogamente, nelle zone di sostanza grigia sia corticale che profonda, si possono individuare i corpi neuronali all'interno delle placche. La localizzazione perivenulare delle placche è comune all'ADEM, ma le caratteristiche degli infiltrati perivenulari sono diverse da quanto osservabile nella SM.

L'infiammazione che caratterizza le placche attive è sostenuta da infiltrati di linfociti T del tipo CD4+ e CD8+. Nelle placche non recenti è possibile individuare anche rari linfociti B. La fagocitosi dei residui mielinici è operata sia da cellule macro-
fagiche di derivazione ematica che da cellule microgliali residenti attivate. Nelle placche più antiche la cellularità, come detto, è scarsa e i linfociti, sia T che B possono
essere individuati prevalentemente in prossimità dei vasi. Le cellule microgliali sono abbondanti, ma non sono attivate. Anche a livello delle meningi possono essere
riscontrati infiltrati di cellule mononucleate. La presenza di strutture similfollicola-
ri a livello meningeo suggerisce che la maturazione dei linfociti B possa avvenire nel
compartimento encefalico.

I processi di demielinizzazione della fase acuta possono verificarsi sia con, sia
senza perdita di cellule oligodendrogliali. Questo starebbe a significare che i meccanismi della demielinizzazione possono essere molteplici, ad esempio la demielinizzazione può essere mediata da anticorpi e complemento o dalle cellule T e dai macrofagi; in altri casi sembra potersi dire che vi è un danno primario degli oligoden-
drociti. I pattern di demielinizzazione sembrano differenziarsi da un paziente all'altro e alcuni pazienti mostrano pattern costanti nel tempo.

Il danno assonale ha assunto, con l'accumularsi di nuovi dati, sia neuroradiologici che istopatologici, una sempre maggiore importanza come elemento causale della compromissione funzionale dei pazienti con SM. Tra l'altro il danno assonale si
caratterizza per l'accumulo della proteina precursore dell'amiloide, ma l'eterogeneità sembra caratterizzare anche la patogenesi di tale danno.

Un ulteriore aspetto di complicazione del quadro istologico della SM è la presenza dei fenomeni di remielinizzazione, che sembrano essere di entità variabile da
un paziente all'altro; l'entità della remielinizzazione sembra diversa anche tra placche corticali e le placche della sostanza bianca encefalica.

1.6
La diagnosi della sclerosi multipla
Simona Bonavita, Gioacchino Tedeschi

La diagnosi di SM si basa sull'attenta valutazione della storia clinica, sull'obiettività neurologica e su esami paraclinici volti a dimostrare la disseminazione nel tempo e nello spazio di lesioni demielinizzanti del SNC e sull'esclusione di altre spiegazioni più plausibili per giustificare le manifestazioni cliniche.

Nel 2001 sono stati elaborati dei criteri diagnostici [81], rivisti nel 2005 [82], che definiscono le evidenze cliniche e paracliniche necessarie alla diagnosi di SM; le indagini strumentali includono la Risonanza Magnetica Nucleare (RMN), l'analisi del liquor cefalo-rachidiano e lo studio dei potenziali evocati visivi (PEV). La RMN è indispensabile per la dimostrazione della disseminazione delle lesioni demielinizzanti nel tempo e nello spazio. Tuttavia una RMN encefalica per essere suggestiva di diagnosi di SM deve rispondere ad almeno tre dei quattro parametri seguenti: 1) ≥1 lesione gadolinio-positiva in immagini pesate in T1 o ≥9 lesioni iperintense in immagini pesate in T2 se non sono presenti lesioni gadolinio-positive; 2) ≥1 lesione sottotentoriale; 3) ≥1 lesione sottocorticale; e 4) ≥3 lesioni periventricolari. Una lesione midollare è equivalente ad una lesione sottotentoriale e una lesione midollare gadolinio-positiva è equivalente ad una lesione cerebrale gadolinio-positiva. Ogni lesione midollare, inoltre, può contribuire, insieme alle singole lesioni encefaliche, a raggiungere il numero di lesioni in immagini pesate in T2 richieste per il soddisfacimento del criterio di disseminazione spaziale. Così come ogni ricaduta clinica deve essere separata dalla precedente almeno da 30 giorni, ogni nuova lesione nelle immagini pesate in T2 che si manifesti in qualsiasi momento dopo una RMN encefalica basale acquisita almeno 30 giorni dopo l'esordio dell'evento clinico iniziale, supporterà il criterio della disseminazione temporale. In genere le lesioni gadolinio-positive nelle immagini pesate in T1 hanno un periodo medio di *enhancement* di circa 6 settimane; il rilievo di qualsiasi lesione gadolinio-positiva nelle immagini pesate in T1 almeno 3 mesi dopo l'evento clinico iniziale, se non nella sede corrispondente all'evento stesso, supporterà ugualmente il criterio della disseminazione temporale.

L'analisi liquorale può fornire evidenze di supporto alla diagnosi di SM, specialmente quando la presentazione clinica è atipica e/o i criteri di RMN non sono soddisfatti. L'analisi liquorale serve anche a escludere altre malattie. Un liquor viene definito positivo quando si è in presenza di bande oligoclonali IgG all'isoelettrofocusing con immunofissazione, differenti da quelle presenti nel siero e quando si ha un incremento dell'indice IgG. La pleiocitosi linfocitica è generalmente inferiore a 50 g/mm^3 e la concentrazione totale delle proteine è inferiore ad 1g/mm^3 [83].

Lo studio dei potenziali evocati visivi, anch'esso da effettuare quando le indagini precedenti non consentono la dimostrazione di una disseminazione spaziale tale da soddisfare i criteri diagnostici, risulterà positivo allorquando dimostrerà un potenziale con aumento della latenza ed ampiezza conservata.

La diagnosi di SM, quindi, si basa sull'evidenza obiettiva di disseminazione nel tempo (≥2 ricadute) e nello spazio (≥2 lesioni). La situazione più semplice si ha quando si è in presenza di due attacchi clinici con l'evidenza oggettiva di ≥2 lesioni; in tal caso siamo di fronte ad una SM clinicamente definita. Quando, invece, l'evidenza indica meno di 2 ricadute e/o 2 lesioni del SNC, sono necessarie ulteriori evidenze paracliniche di supporto. La situazione che offre maggiori difficoltà è quella in cui si ha un deficit neurologico progressivo suggestivo di una forma PP; in tal caso sono necessarie maggiori evidenze paracliniche. La condizione in cui si ha un singolo evento clinico e una singola lesione obiettivabile del SNC viene definita sindrome clinicamente isolata (CIS). Queste ultime includono la neurite ottica retrobulbare, la mielite trasversa e la sindrome troncale. La possibilità di conversione a SM in 5 anni è variabile anche in rapporto alla presenza o meno di lesioni alla RMN. In particolare, il rischio è di circa il 10% in pazienti con RMN negativa; sale al 50% in presenza di 1-3 lesioni e al 95% in caso di 4 o più lesioni in RMN. In Tabella 1.1 sono riportati i criteri diagnostici di Polman e coll. [82]. In Tabella 1.2 sono riportati i criteri di RMN

Tabella 1.1 Diagnosi di SM: Criteri di McDonald (2005)

Presentazione clinica	Dati aggiuntivi per la diagnosi di SM
2 o + attacchi; 2 o + lesioni clinicamente obiettivabili	Nessuno (eventuali ulteriori evidenze devono essere compatibili con SM)
2 o + attacchi; 1 lesione clinicamente obiettivabile	Disseminazione *spaziale*, dimostrata da: - RMN (Tabella 1.2a), o - liquor positivo e 2 o + lesioni in RMN compatibili con SM oppure Successiva ricaduta riconducibile a lesione in sede diversa
Un attacco; 2 o + lesioni clinicamente obiettivabili	Disseminazione *temporale*, dimostrata da: - RMN (Tabella 1.2b), oppure Successiva ricaduta
Un attacco; 1 lesione clinicamente obiettivabile (presentazione mono-sintomatica; CIS)	Disseminazione *spaziale*, dimostrata da: - RMN (Tabella 1.2a), oppure liquor positivo e 2 o + lesioni in RMN compatibili con SM e Disseminazione *temporale*, dimostrata da: - RMN (Tabella 1.2b), oppure Seconda ricaduta clinica
Esordio insidioso di sintomi neurologici progressivi suggestivi di SM (SM-PP)	Un anno di progressione di un disturbo neurologico più due delle seguenti: 1.RMN encefalo positiva (9 lesioni in T2 o 4 o + lesioni in T2 con PEV positivi) 2.RMN spinale positiva (2 lesioni focali in T2) 3.liquor positivo

Tabella 1.2 Criteri di RMN di disseminazione spaziale e temporale delle lesioni (McDonald, 2005)

a. Dati di RMN dimostrativi di disseminazione spaziale. Criteri di McDonald

3 dei seguenti:
- ≥1 lesioni gadolinio positive all'encefalo o al midollo spinale o 9 lesioni iperintense in T2 all'encefalo o al midollo spinale se non vi sono lesioni gadolinio positive
- ≥1 lesione infratentoriale o spinale
- ≥1 lesione juxtacorticale
- ≥3 lesioni periventricolari

(cont.→)

Tabella 1.2 (continua)

b. Dati di RMN dimostrativi di disseminazione temporale. Criteri di McDonald		
Intervallo di tempo	**Tipo di lesione**	**Sede**
≥3 mesi dall'inizio dell'episodio d'esordio	Nuova lesione gadolinio positiva in T1	Sede diversa da quella dell'evento iniziale
Qualsiasi intervallo dopo una RMN baseline di riferimento effettuata ≥30 giorni dopo l'inizio dell'episodio d'esordio	Nuova lesione in T2	Sede diversa

dimostrativi di disseminaziale spaziale e temporale delle lesioni demielinizzanti.

Nella diagnosi differenziale sono da considerare innanzitutto le malattie che possono causare una sofferenza multifocale del SNC con un decorso remittente quali vasculiti sistemiche o cerebrali, lupus eritematoso, la malattia di Behçet, la Sjogren e la sarcoidosi; in tali casi, la compromissione viscerale e la positività dello screening immunologico possono essere indicativi di un malattia autoimmune sistemica. Malattie infettive come la neurosifilide, l'AIDS, la malattia di Lyme possono manifestarsi con una compromissione multifocale del SNC con bande oligoclonali e sintesi intratecale di IgG, ma gli esami di laboratorio specifici permettono la diagnosi differenziale. Alcune malattie metaboliche ad esordio giovanile e adulto come la leucodistrofia metacromatica, la leucodistrofia a cellule globoidi, le gangliodiosi GM1 e GM2 e la adrenoleucodistrofia possono talvolta porre il problema della diagnosi differenziale con una SM progressiva. Infine, alcune malformazioni vascolari intramidollari possono mimare la SM, presentandosi con un decorso subacuto e con remissione dei sintomi.

In considerazione, quindi, delle possibili alternative diagnostiche oltre alle indagini previste dai criteri diagnostici, sarà utile integrare il protocollo diagnostico con ulteriori esami che, in base alle evidenze cliniche potranno includere: VES, proteina C-reattiva, fattore reumatoide, anticorpi anti-nucleo, anti-DNA, anti antigeni estraibili del DNA (per le vasculiti), VDRL nel siero e su liquor (per la neurolue), Rx torace e dosaggio dell'enzima convertitore dell'angiotensina (per la sarcoidosi), anticorpi anti-Borrelia su siero e su liquor (per la neuroborreliosi), dosaggio di acidi grassi a catena molto lunga (per adrenoleucodistofia-adrenomieloneuropatia), uno screening della coagulazione comprendente il dosaggio degli anticorpi anti-cardiolipina e delle proteine C ed S (per le coagulopatie).

Un cenno a parte merita la diagnosi differenziale tra SM e neuromielite ottica di Devic per cui si rimanda alla Tabella 1.3.

Il sospetto di NMO che è possibile avanzare sulla base degli elementi presentati nella Tabella 1.3, riveste importanza poiché la diagnosi di tale forma può essere supportata dal riscontro nel siero degli anticorpi anti-acquaporina [84].

La prognosi della SM è estremamente variabile in rapporto ad una molteplicità di fattori [85, 86]. Dal punto di vista clinico, fattori prognostici negativi sono considerati:

Tabella 1.3 Diagnosi differenziale tra neuromielite ottica (NMO) e sclerosi multipla recidivante-remittente (SM-RR)

	NMO (monofasica o recidivante)	SM-RR
Distribuzione	SOLO nervo ottico e midollo spinale	Qualsiasi tratto della sostanza bianca
Severità dell'attacco	Generalmente severo	Generalmente lieve
Insufficienza respiratoria acuta	30% dei casi da mielite cervicale	Raramente-mai
RMN encefalo	Normale o non specifica	Multiple lesioni periventricolari
RMN midollare	Lesioni necrotiche centrali, estese (ca. 3 metameri)	Multiple, piccole lesioni periferiche
Disabilità permanente	Attacco-correlata	Nelle fasi tardive di malattia
Coesistenti malattie autoimmuni	Frequenti (30-50% dei casi)	Non comune
Bande oligoclonali liquorali	Generalmente assenti	Generalmente presenti
Cellule liquorali	Pleiocitosi neutrofila durante gli attacchi (>50/µL)	Raramente pleiocitosi mononucleare (>25/µL)

1. il sesso maschile;
2. l'età avanzata all'esordio;
3. un intervallo breve tra l'esordio e la successiva ricaduta;
4. un'elevata frequenza di ricadute nei primi 5 anni di malattia;
5. l'esordio polisintomatico;
6. l'esordio con sintomi cerebellari, piramidali, troncali, urinari o psichiatrici;
7. le forme progressive di malattia all'esordio.

La RMN, oltre ad essere utilizzata per la dimostrazione della disseminazione spaziale e temporale e per la diagnostica differenziale, è di aiuto per formulare un giudizio prognostico. In particolare, il numero delle lesioni viste in un soggetto che lamenta per la prima volta sintomi compatibili con la diagnosi di SM è molto variabile ed è predittivo della probabilità di sviluppare una SM clinicamente definita, della velocità di progressione della disabilità (almeno nelle fasi iniziali di malattia) e di accumulo di nuove lesioni. Inoltre, il numero di lesioni all'esordio è predittivo della successiva disabilità; infatti, è stato valutato che la proporzione di pazienti con un punteggio all'EDSS superiore a 3 dopo dieci anni di malattia appartiene per il 75% a coloro che avevano più di dieci lesioni alla RMN basale e solo per il 15% al gruppo di pazienti con meno di 10 lesioni alla RMN basale. Infine, le lesioni gadolinio-positive correlano meglio con le ricadute che non con la disabilità. Oltre che con il numero di lesioni, la disabilità correla con il carico lesionale misurato nelle immagini pesate in T1 e T2 ma soprattutto con il grado di atrofia globale e segmentaria.

In conclusione, in assenza di sintomi o segni o test di laboratorio specifici, la diagnosi di SM rimane, in ultima analisi, prettamente clinica ma si avvale delle indagi-

1

ni strumentali per escludere altre possibili malattie a decorso subacuto e con remissione dei sintomi. Inoltre, non esistendo ancora *biomarkers* predittivi dell'evoluzione di malattia, la formulazione del giudizio prognostico impone al clinico un'attenta valutazione e analisi dei dati clinici e di RMN.

1.7
Le scale di valutazione
Silvia Romano, Carlo Caltagirone, Ugo Nocentini

Negli ultimi decenni, anche per quanto riguarda la SM, le scale di valutazione sono diventate strumenti essenziali sia per valutare l'evoluzione della disabilità nella pratica clinica, sia come outcome primari o secondari negli studi clinici.

Il valore di una scala è strettamente correlato alla sua utilità clinica; una scala clinica dovrebbe essere breve, facile da comprendere, rapida da somministrare e chiaramente interpretabile. Inoltre, dal punto di vista scientifico, dovrebbe rispondere alle seguenti caratteristiche: attendibilità, validità e sensibilità.

L'attendibilità riguarda: la consistenza interna degli items della scala; la riproducibilità dei punteggi quando la scala è applicata più volte dallo stesso operatore (variabilità intra-operatore) o da operatori diversi (variabilità inter-operatori), o allo stesso paziente in assenza di modificazione del suo stato (test-retest).

Esistono numerose fonti di errore che possono influire sul risultato dell'applicazione di una scala; il grado di attendibilità è indicativo della capacità della scala di evitare la maggior parte di errori.

La validità valuta, invece, se una scala misura realmente l'aspetto o il concetto che si prefigge di misurare. Esistono misure interne ed esterne per quantificare la validità di una scala: le misure interne esaminano i punteggi della scala e propongono evidenze teoriche che la variabile sia realmente misurata; quelle esterne considerano, invece, le correlazioni tra i punteggi ottenuti con un nuovo strumento di valutazione e quelli ottenuti con strumenti analoghi per i quali è stata già accertata una validità soddisfacente; ciò fornisce evidenze empiriche che si sta realmente valutando la variabile scelta.

Il problema diviene ancora più complesso se si pensa al fatto che nel caso della SM gli aspetti da valutare sono lo stato di salute e la disabilità e che entrambi possono essere modificati da numerosi eventi (trattamenti farmacologici o riabilitativi ma anche da qualsiasi evento nella vita del paziente). In questa prospettiva si deve, quindi, considerare anche la sensibilità di una scala, cioè quanto sia in grado di rilevare anche piccole variazioni significative del parametro misurato, preferibilmente in un periodo di tempo relativamente breve.

Inoltre, per quanto riguarda i punteggi di una scala questi dovrebbero presentare una distribuzione normale quando applicati ad ampie popolazioni, senza avere effetti "tetto" o "pavimento", permettendo di discriminare tra pazienti con diverso grado di disabilità.

Nella pratica clinica le scale di valutazione possono essere classificate sulla base degli aspetti valutati: si distinguono, infatti, scale centrate sulla malattia, che valutano la severità della patologia in termini di sintomi e segni clinici, e scale centrate sul paziente, che valutano invece l'impatto fisico, psicologico e sociale della patologia dal punto di vista del paziente (es., scale sulla qualità della vita).

Per quanto riguarda la SM numerosi sono stati i tentativi di creare scale cliniche in grado di valutare l'impatto della malattia sui pazienti; la maggior parte dei clinici e dei ricercatori ha considerato la disabilità come l'aspetto fondamentale da valutare.

La *National Multiple Sclerosis Society* (NMSS) *Task Force on Outcome Measures*, riunitasi a Charleston nel 1994, ha stabilito che le misure di outcome nella SM dovrebbero: a) riflettere il reale livello di gravità e lo stato funzionale del paziente; b) essere multidimensionali per cogliere i principali aspetti delle conseguenze della patologia sull'individuo; c) avere validità scientifica; e d) essere in grado di individuare i cambiamenti nel tempo [87].

Ancora oggi, la *Expanded Disability Status Scale* (EDSS) [88] rappresenta la scala di misurazione della compromissione neurologica nella SM più frequentemente utilizzata nell'ambito degli studi e della valutazione clinica quotidiana. È stata sviluppata da Kurtzke sulla base della *Disability Status Scale* (DSS) e viene compilata dal neurologo in circa 25 minuti. Come nella DSS sul punteggio globale pesano i punteggi dei diversi sistemi funzionali (SF) esplorati, come sono stati presentati da Kurtzke, e le modalità di applicazione sono identiche.

L'EDSS valuta le seguenti funzioni: piramidale, cerebellare, troncale, sensitiva, sfinterica, visiva, mentale o intellettiva e altre funzioni. Per ogni funzione è previsto un punteggio che varia da 0 a 5 o 6 punti. I punteggi dei singoli SF non vengono sommati in quanto l'EDSS prevede un punteggio globale per identificare la compromissione in base ai deficit equivalenti dei diversi sistemi funzionali. Ogni grado corrisponde a mezzo punto, dalla normale funzione neurologica (EDSS 0.0) fino alla morte come conseguenza della SM (EDSS 10).

I punteggi al di sotto di 4.0 sono stabiliti sulla base degli SF e si riferiscono a pazienti in grado di deambulare autonomamente per almeno 50 metri; i punteggi tra 4.0 e 5.0 sono stabiliti sia sulla base degli SF che delle capacità di deambulazione, mentre i punteggi tra 5.5 e 8.0 sono stabiliti esclusivamente sulla base della capacità di deambulare e degli ausili necessari.

Tale scala presenta, tuttavia, numerosi problemi: l'EDSS, infatti, non è una scala lineare (i pazienti si distribuiscono più frequentemente ad alcuni livelli rispetto ad altri), i problemi nella deambulazione esercitano un peso superiore a quello di altri deficit, presenta attendibilità limitata e scarsa sensibilità [89].

Alla luce di queste limitazioni sono stati fatti numerosi tentativi di sviluppare nuove scale cliniche quali la Neurological Rating Scale (SCRIPPS), sviluppata da Sipe nel 1984 [90], che si basa sulla valutazione neurologica standard a cui si aggiunge la valutazione delle disfunzioni sfinteriche e sessuali; tale scala è, però, risultata di scarsa validità e non esistono dati di sensibilità; altre scale meno utilizzate sono la *Troiano Functional Scale* [91], l'*Illness Severity Scale* [92], l'*Incapacity Status Scale* e la *Cambridge Basic MS Score* (CAMBS) [93].

Tra le nuove scale particolare interesse riveste la *Multiple Sclerosis Functional Composite* (MSFC), una scala di valutazione clinica proposta nel 1996 da una task

1

force della *National Multiple Sclerosis Society* (NMSS) [94]. Questa task force, basandosi sulla scarsa riproducibilità, bassa sensibilità al cambiamento e limitate proprietà di misurazione delle precedenti scale utilizzate nella SM, ha individuato principi e criteri per la creazione di una nuova scala che hanno dato origine al MSFC. Tale scala consiste di tre prove selezionate, sulla base dei dati provenienti da studi longitudinali e da studi sulla storia naturale, per valutare le variabili clinicamente rilevanti. Le tre prove sono: il *9 Hole Peg Test* (9HPT) per le funzioni dell'arto superiore; il *Timed 25-foot (T-25f) Walk* per la deambulazione; il *3-s Paced Auditory Serial Addition Test* (PASAT 3) per le capacità cognitive. A differenza della scala EDSS, la MSFC può essere somministrata anche da personale non medico (tecnici dopo adeguato training o personale paramedico), il tempo di somministrazione è di circa 15 minuti e il materiale necessario per il test è facilmente reperibile (una stanza silenziosa con una scrivania e un corridoio per il Timed 25-foot). La prima prova che deve essere svolta è il T-25f che consiste nella misurazione del tempo necessario affinché il paziente percorra camminando velocemente ma senza correre una distanza indicata in 25 piedi per 2 volte (andata e ritorno). Il 9HPT, seconda prova del test, consiste nel valutare il tempo necessario per inserire, il più velocemente possibile e uno alla volta, 9 chiodini nei fori di una tavoletta quadrata e successivamente nel toglierli, sempre uno alla volta. La prova viene svolta per quattro volte consecutive, due volte con la mano dominante e due volte con la mano non dominante. Il PASAT, invece, valuta la velocità e la flessibilità del trattamento di informazioni uditive e l'abilità nel calcolo. Il test consiste nel presentare uditivamente al paziente delle cifre ogni 3 secondi; il paziente deve aggiungere ad ogni nuovo numero quello precedente e pronunciare la somma. Il punteggio del test è il numero di somme corrette su 60 possibili. I punteggi ottenuti nelle varie prove sono combinati per ottenere un singolo punteggio (Z-score), utile per rilevare cambiamenti nel tempo di un gruppo di pazienti e confrontare gli stessi tra di loro. Lo Z-score corrisponde a una deviazione standard e indica quanto il punteggio di un paziente sia superiore o inferiore al punteggio medio di una popolazione di controllo. Lo Z-score si presenta quindi come una variabile continua ed è più sensibile a variazioni cliniche ad intervalli di 1 e 2 anni.

Il MSFC è in grado di predire i cambiamenti convergenti e simultanei rilevabili con l'EDSS [95], ma rispetto a tale scala presenta una maggiore correlazione con le variazioni delle immagini di RM e con il grado di disabilità nella vita quotidiana riferito dai pazienti [96].

Il MSFC presenta anche altri vantaggi in quanto, da un punto di vista psicometrico, ha criteri di validità accettabili, include valutazioni multidimensionali (considera numerosi aspetti della disabilità dei pazienti con SM), analizza variabili continue (Z-score) e utilizza protocolli standardizzati di somministrazione; inoltre, nei trial clinici, la possibilità di somministrazione da parte del personale non medico è un'ulteriore garanzia del mantenimento della cecità da parte del medico sperimentatore. Tuttavia va ricordato che alcune condizioni diverse da quelle che si intende misurare possono influenzare i risultati dei test (es. la disartria per il PASAT o le disfunzioni visive per il 9HPT). Infine, la scala non può essere applicata a pazienti negli stadi più avanzati della malattia.

Per quanto riguarda le scale sulla qualità della vita tra le più utilizzate rientrano la *Multiple Sclerosis Impact Scale* (MSIS-29) [97] e la *Multiple Sclerosis Quality of Life* (MSQOL)-54 [98].

La MSIS-29 consiste in un test autosomministrato composto da 29 domande di rapida compilazione (pochi minuti) che valutano il giudizio del paziente circa l'impatto della SM sulla vita di tutti i giorni. Confrontata con altre scale (EDSS e MSFC) la MSIS-29 risulta uno strumento valido per valutare e comprendere l'impatto sia fisico che psicologico della SM [99, 100].

La MSQOL-54, invece, è stata sviluppata da Vickrey e colleghi [98] e ha la caratteristica di permettere una valutazione della qualità della vita sia generica, che specificatamente legata alla SM. La scala ha un'alta affidabilità test-retest e un'alta consistenza interna e, dal momento che la parte centrale è composta da domande appartenenti al *Short Form 36-Item Health Survey*, è possibile comparare i dati sulla qualità della vita dei pazienti con SM con i dati di una popolazione generale. Questo strumento è stato utilizzato in uno studio sulla qualità dell'assistenza al paziente con SM, dimostrandosi efficace per la valutazione degli effetti delle modalità di gestione sulla qualità della vita [101].

Bibliografia

1. Adams RD, Victor M, Ropper AH (1997) Principles of neurology. McGraw-Hill
2. Benito-Leon J, Morales JM, Rivera-Navarro J et al (2003) A review about the impact of multiple sclerosis on health-related quality of life. Disabil Rehabil 25:1291–1303
3. Cruveilhier J (1835) Anatomie pathologique du corps humain; descriptions avec figures lithographiées et coloriées; des diverses altérations morbides dont le corps humain est susceptible. JB Bailliere, Paris
4. Charcot JM (1877) Lectures on the diseases of the nervous system delivered at the Salpêtrière. London
5. Geurts JJ, Barkhof F (2008) Grey matter pathology in multiple sclerosis. Lancet Neurol 7:841–851
6. Chard D, Miller D (2009) Grey matter pathology in clinically early multiple sclerosis: evidence from magnetic resonance imaging. J Neurol Sci 282:5–11
7. Javed A, Reder AT (2006) Therapeutic role of beta-interferons in multiple sclerosis. Pharmacol Ther 110:35–56
8. Bing R, Reese H (1926) Die multiple Sklerose in der Nordwestschweiz. Schweitz Med Wochenschr 56:30–34
9. Ackermann A (1931) Die Multiple Sklerose in der Schweiz. Schweitz Med Wochenschr 61:1245–1250
10. Allison RT (1931) Disseminated sclerosis in North Wales. Brain 53:391–430
11. Sadovnick AD, Ebers GC (1993) Epidemiology of multiple sclerosis: a critical overview. Can J Neuro Sci 20:17–29
12. Rosati G (1994) Descriptive epidemiology of multiple sclerosis in the 1980s: a critical overview. Ann Neurol 36:S164–S174
13. Kurtzke JF, Page WF (1997) Epidemiology of multiple sclerosis in US veterans: VII. Risk factors for MS. Neurology 48:204–213
14. Zivadinov R, Iona L, Monti-Bragadin L et al (2003) The use of standardized incidence and prevalence rates in epidemiological studies on multiple sclerosis. Neuroepidemiology 22:65–74
15. Sotgiu S, Pugliatti M, Sanna A et al (2002) Multiple sclerosis complexity in selected populations:

the challenge of Sardinia, insular Italy. Eur J Neurol 9:329–341

16. Marrosu M, Lai M, Cocco E et al (2002) Genetic factors and the founder effect explain familial MS in Sardinia. Neurology 58:283–288

17. Grimaldi L, Salemi G, Grimaldi G et al (2001) High incidence and increasing prevalence of MS in Enna (Sicily), southern Italy. Neurology 57:1891–1893

18. Nicoletti A, Lo Fermo S, Reggio E et al (2005) A possible spatial and temporal cluster of multiple sclerosis in the town of Linguaglossa, Sicily. J Neurol 252:921–925

19. Materljan E, Sepcic J (2002) Epidemiology of multiple sclerosis in Croatia. Clin Neurol Neurosurg 104:192–198

20. Elian M, Nightingale S, Dean G (1990) Multiple sclerosis among United Kingdom-born children of immigrants from the Indian subcontinent, Africa and the West Indies. J Neurol Neurosurg Psychiatry 53:906–911

21. Acheson ED, Bachrach CA, Wright FM (1960) Some comments on the relationship of the distribution of multiple sclerosis to latitude, solar radiation and other variables. Acta Neurol Scand 35:132–147

22. Alter M, Halpern L, Kurland LT et al (1962) Multiple sclerosis in Israel. Prevalence among immigrants and native inhabitants. Arch Neurol 7:253–263

23. Dean G, Kurtzke JF (1971) On the risk of multiple sclerosis according to age at immigration to South Africa. Br Med J 3:725–729

24. Detels R, Visscher BR, Malmgren RM et al (1977) Evidence for lower susceptibility to multiple sclerosis in Japanese-Americans. Am J Epidemiol 105:303–310

25. Hammond SR, English DR, McLeod JG (2000) The age-range of risk of developing multiple sclerosis: evidence from a migrant population in Australia. Brain 123:968–974

26. WHO (2008) Atlas multiple sclerosis resources in the world 2008. WHO Library Cataloguing-in-Publication Data

27. Noseworthy JH, Lucchinetti C, Rodriguez M et al (2000) Multiple sclerosis. N Eng J Med 343:938–952

28. Compston A, Coles A (2002) Multiple sclerosis. Lancet 359:1221–1231

29. Lublin FD, Reingold SC (1996) Defining the clinical course of multiple sclerosis: results of an International survey. Neurology 46:907–911

30. Bashir K, Whitaker JN (2002) Handbook of multiple sclerosis. Lippincot Williams & Wilkins

31. Amato MP, Zipoli V, Goretti B et al (2006) Benign multiple sclerosis: cognitive, psychological and social aspects in a clinical cohort. J Neurol 253:1054–1059

32. Sayao AL, Devonshire V, Tremlett H (2007) Longitudinal follow-up of "benign" multiple sclerosis at 20 years. Neurology 68:496–500

33. Hyllested K (1961) Lethality, duration, and mortality of disseminated sclerosis in Denmark. Acta Psychiatr Scand 36:553–564

34. Leibowitz U, Alter M (1970) Clinical factors associated with increased disability in multiple sclerosis. Acta Neurol Scand 46:53–70

35. Poser S, Raun NE, Poser W (1982) Age at onset, initial symptomatology and the course of multiple sclerosis. Acta Neurol Scand 66:355–362

36. Visscher BR, Liu KS, Clark VA et al (1984) Onset symptoms as predictors of mortality and disability in multiple sclerosis. Acta Neurol Scand 70:321–328

37. Weinshenker BG, Bass B, Rice GP et al (1989) The natural history of multiple sclerosis: a geographically based study. 2. Predictive value of the early clinical course. Brain 112:1419–1428

38. Rodriguez M, Siva A, Ward J et al (1994) Impairment, disability, and handicap in multiple sclerosis: a population-based study in Olmsted County, Minnesota. Neurology 44:28–33

39. Pittock SJ, Mayr WT, McClelland RL et al (2004) Change in MS-related disability in a population-based cohort: a 10-year follow-up study. Neurology 62:51–59

40. Optic Neuritis Study Group (1991) The clinical profile of optic neuritis: experience of the Optic Neuritis Treatment Trial. Arch Ophtalmol 109:1673–1678

41. Multiple Sclerosis Council for Clinical Practice Guidelines (1998) Fatigue and multiple sclerosis: Evidence based management strategies for fatigue in multiple sclerosis. Washington, DC: Paralyzed Veterans of America

42. Krupp LB, Alvarez LA, LaRocca NG et al (1988) Fatigue in multiple sclerosis. Arch Neurol 45:435–437
43. Bergamaschi R, Romani A, Versino M et al (1997) Clinical aspects of fatigue in multiple sclerosis. Funct Neurol 12:247–251
44. Fisk JD, Pontefract A, Ritvo PG et al (1994) The impact of fatigue on patients with multiple sclerosis. Can J Neurol Sci 21:9–14
45. Dyment DA, Ebers GC, Sadovnick AD (2004) Genetics of multiple sclerosis. Lancet Neurol 3:104–110
46. Compston DA, Batchelor JR, McDonald WI (1976) B-lymphocyte alloantigens associated with multiple sclerosis. Lancet 308:1261–1265
47. Terasaki PI, Park MS, Opelz G et al (1976) Multiple sclerosis and high incidence of a B lymphocyte antigen. Science 193:1245–1247
48. Olerup O, Hillert J (1991) HLA class II-associated genetic susceptibility in multiple sclerosis: a critical evaluation. Tissue Antigens 38:1–15
49. Marrosu MG, Muntoni F, Murru MR et al (1992) HLA-DQB1 genotype in Sardinian multiple sclerosis: evidence for a key role of DQB1 *0201 and *0302 alleles. Neurology 42:883–886
50. Gregory SG, Schmidt S, Seth P et al (2007) Interleukin 7 receptor alpha chain (IL7R) shows allelic and functional association with multiple sclerosis. Nat Genet 39:1083–1091
51. International Multiple Sclerosis Genetics Consortium, Hafler DA, Compston A, Sawcer S et al (2007) Risk alleles for multiple sclerosis identified by a genome-wide study. N Engl J Med 357:851–862
52. Lundmark F, Duvefelt K, Iacobaeus E et al (2007) Variation in interleukin 7 receptor alpha chain (IL7R) influences risk of multiple sclerosis. Nat Genet 39:1108–1113
53. International Multiple Sclerosis Genetics Consortium (IMSGC) (2008) Refining genetic associations in multiple sclerosis. Lancet Neurol 7:567–569
54. Goverman J, Woods A, Larson L et al (1993) Transgenic mice that express a myelin basic protein-specific T cell receptor develop spontaneous autoimmunity. Cell 72:551–560
55. Moore FG, Wolfson C (2002) Human herpes virus 6 and multiple sclerosis. Acta Neurol Scand 106:63–83
56. Wandinger K, Jabs W, Siekhaus A et al (2000) Association between clinical disease activity and Epstein-Barr virus reactivation in MS. Neurology 55:178–184
57. Serafini B, Rosicarelli B, Franciotta D et al (2007) Dysregulated Epstein-Barr virus infection in the multiple sclerosis brain. J Exp Med 204:2899–2912
58. Lafaille JJ (1998) The role of helper T cell subsets in autoimmune diseases. Cytokine Growth Factor Rev 9:139–151
59. Panitch HS (1992) Interferons in multiple sclerosis. A review of the evidence. Drugs 44:946–962
60. Feger U, Luther C, Poeschel S et al (2007) Increased frequency of CD4+ CD25+ regulatory T cells in the cerebrospinal fluid but not in the blood of multiple sclerosis patients. Clin Exp Immunol 147:412–418
61. Venken K, Hellings N, Broekmans T et al (2008) Natural naive CD4+CD25+CD127 low regulatory T cell (Treg) development and function are disturbed in multiple sclerosis patients: recovery of memory Treg homeostasis during disease progression. J Immunol 180:6411–6420
62. Freedman MS, Thompson EJ, Deisenhammer F et al (2005) Recommended standard of cerebrospinal fluid analysis in the diagnosis of multiple sclerosis: a consensus statement. Arch Neurol 62:865–870
63. Berger T, Rubner P, Schautzer F et al (2003) Antimyelin antibodies as a predictor of clinically definite multiple sclerosis after a first demyelinating event. N Engl J Med 349:139–145
64. Codarri L, Fontana A, Becher B (2010) Cytokine networks in multiple sclerosis: lost in translation. Curr Opin Neurol 23:205–211
65. Chauduri A, Behan PO (2004) Multiple Sclerosis is not an autoimmune disease. Arch Neurol 61:1610–1612
66. Singh AV, Zamboni P (2009) Anomalous venous blood flow and iron deposition in multiple sclerosis. J Cereb Blood Flow Metab 29:1867–1878
67. Barnett MH, Sutton I (2006) The pathology of multiple sclerosis: a paradigm shift. Curr Opin Neurol 19:242–247

68. Dawson JW (1962) The histology of multiple sclerosis. Trans R Soc Edinburgh 50:517–740
69. Brownell B, Hughes JT (1962) The distribution of plaques in the cerebrum in multiple sclerosis. J Neurol Neurosurg Psychiatry 25:315–320
70. Lumsden CE (1970) The neuropathology of multiple sclerosis. In: Vinken PJ, Bruin GW (eds) Handbook of clinical neurology. Amsterdam, Elsevier Science Publishers, pp. 217–309
71. Calabrese M, De Stefano N, Atzori M et al (2007) Detection of cortical inflammatory lesions by double inversion recovery magnetic resonance imaging in patients with multiple sclerosis. Arch Neurol 64:1416–1422
72. Calabrese M, Rocca MA, Atzori M et al (2009) Cortical lesions in primary progressive multiple sclerosis: a 2-year longitudinal MR study. Neurology 72:1330–1336
73. Kidd D, Barkhof F, McConnell R et al (1999) Cortical lesions in multiple sclerosis. Brain 122:17–26
74. Peterson JW, Bo L, Mork S et al (2001) Transected neurites, apoptotic neurons, and reduced inflammation in cortical multiple sclerosis lesions. Ann Neurol 50:389–400
75. Bo L, Vedeler CA, Nyland HI et al (2003) Subpial demyelination in the cerebral cortex of multiple sclerosis patients. J Neuropathol Exp Neurol 62:723–732
76. Kutzelnigg A, Lassmann H (2006) Cortical demyelination in multiple sclerosis: a substrate for cognitive deficits? J Neurol Sci 245:123–126
77. Kutzelnigg A, Lucchinetti CF, Stadelmann C et al (2005) Cortical demyelination and diffuse white matter injury in multiple sclerosis. Brain 128:2705–2712
78. Magliozzi R, Howell O, Vora A et al (2007) Meningeal B-cell follicles in secondary progressive multiple sclerosis associate with early onset of disease and severe cortical pathology. Brain 130:1089–1104
79. Brink BP, Veerhuis R, Breij EC et al (2005) The pathology of multiple sclerosis is location-dependent: no significant complement activation is detected in purely cortical lesions. J Neuropathol Exp Neurol 64:147–155
80. Van Horssen J, Brink BP, de Vries HE et al (2007) The blood-brain barrier in cortical multiple sclerosis lesions. J Neuropathol Exp Neurol 66:321–328
81. McDonald WI, Compston A, Edan G et al (2001) Recommended diagnostic criteria for multiple sclerosis: guidelines from the International Panel on the Diagnosis of Multiple Sclerosis. Ann Neurol 50:121–127
82. Polman CH, Reingold SC, Edan G et al (2005) Diagnostic criteria for multiple sclerosis: 2005 revisions to the "McDonald Criteria". Ann Neurol 58:840–846
83. Andersson M, Alvarez-Cermeño J, Bernardi G et al (1994) Cerebrospinal fluid in the diagnosis of multiple sclerosis: a consensus report. J Neurol Neurosurg Psychiatry 57:897–902
84. Jarius S, Wildemann B (2010) AQP4 antibodies in neuromyelitis optica: diagnostic and pathogenetic relevance. Nat Rev Neurol 6:383–392
85. Myhr KM, Riise T, Vedeler C et al (2001) Disability and prognosis in multiple sclerosis: demographic and clinical variables important for the ability to walk and awarding of disability pension. Mult Scler 7:59–65
86. Confavreux C, Vukusic S, Adeleine P (2003) Early clinical predictors and progression of irreversible disability in multiple sclerosis: an amnesic process. Brain 126:770–782
87. Rudick R, Antel J, Confavreux C et al (1997) Recommendations from the National Multiple Sclerosis Society Clinical Outcomes Assessment Task Force. Ann Neurol 42:379–382
88. Kurtzke JF (1983) Rating neurologic impairment in multiple sclerosis: an expanded disability status scale (EDSS). Neurology 33:1444–1452
89. Rudick RA, Lee JC, Simon J, Fisher E (2006) Significance of T2 lesions in multiple sclerosis: A 13-year longitudinal study. Ann Neurol 60:236–242
90. Sipe JC, Knobler RL, Braheny SL et al (1984) A neurologic rating scale (NRS) for use in multiple sclerosis. Neurology 34:1368–1372
91. Troiano R, Devereux C, Oleske J et al (1988) T cell subsets and disease progression after total lymphoid irradiation in chronic progressive multiple sclerosis. J Neurol Neurosurg Psychiatry 51:980–983
92. Mickey MR, Ellison GW, Myers LW (1984) An illness severity score for multiple sclerosis. Neurology 34:1343–1347

93. Mumford CJ, Compston A (1993) Problems with rating scales for multiple sclerosis: a novel approach – the CAMBS score. Journal of Neurology 240:209–215
94. Cutter GR, Baier ML, Rudick RA et al (1999) Development of a multiple sclerosis functional composite as a clinical trial outcome measure. Brain 122:871–882
95. Fischer JS, Rudick RA, Cutter GR et al (1999) The Multiple Sclerosis Functional Composite Measure (MSFC): an integrated approach to MS clinical outcome assessment. National MS Society Clinical Outcomes Assessment Task Force. Mult Scler 5:244–250
96. Rudick RA, Cutter G, Reingold S (2002) The multiple sclerosis functional composite: a new clinical outcome measure for multiple sderosis trials. Mult Scler 8:359–365
97. Hobart J, Lamping D, Fitzpatrick R et al (2001) The Multiple Sclerosis Impact Scale (MSIS-29): a new patient-based outcome measure. Brain 124:962–973
98. Vickrey BG, Hays RD, Harooni R et al (1995) A health-related quality of life measure for multiple sclerosis. Qual Life Res 4:187–206
99. Hoogervorst EL, Zwemmer JN, Jelles B et al (2004) Multiple Sclerosis Impact Scale (MSIS-29): relation to established measures of impairment and disability. Mult Scler 10:569–574
100. Hobart JC, Riazi A, Lamping DL et al (2004) Improving the evaluation of therapeutic interventions in multiple sclerosis: development of a patient-based measure of outcome. Health Technol Assess 8:1–48
101. Solari A (2005) Role of health-related quality of life measures in the routine care of people with multiple sclerosis. Health Qual Life Outcomes 18:3–16

2.1
Introduzione

La Risonanza Magnetica (RM) rappresenta oggi la principale metodica di *neuroimaging* applicata alla SM. A partire dagli anni Novanta, infatti, la RM convenzionale (RM-c) si è andata via via affermando quale strumento indispensabile per la diagnosi e il monitoraggio della malattia [1]. Caratteristica distintiva di questa metodica è quella di evidenziare con estrema facilità le classiche lesioni demielinizzanti focali della sostanza bianca (SB), nonché la frequente attività infraclinica di malattia, contrassegnata dalla comparsa di nuove lesioni anche in assenza di sintomi e/o segni di riacutizzazione di malattia. Tali prerogative della RM-c hanno portato, nel giro di pochi anni, alla definizione di validati criteri paraclinici per la diagnosi di SM basati proprio sui reperti di RM-c [2, 3].

Più recentemente, invece, lo sviluppo delle metodiche di RM quantitative non-convenzionali (RM-nc) ha permesso di indagare *in vivo* i meccanismi fisiopatologici alla base della SM. Merito indiscusso di queste metodiche è stato quello di aver confermato, se non addirittura anticipato in qualche caso, i risultati di importanti studi neuropatologici dimostranti la presenza di un danno microscopico diffuso a carico dei tessuti non direttamente coinvolti dalle lesioni focali, quali sono la SB apparentemente normale e la sostanza grigia (SG). Un cenno a parte, poi, lo merita la RM funzionale (fMRI) che, tra le varie metodiche di RM-nc, è quella che ha permesso di intraprendere lo studio dei meccanismi di riorganizzazione funzionale corticale in corso di SM.

2.2
L'uso clinico delle neuroimmagini

Per l'identificazione delle lesioni focali in corso di SM, la RM-c si avvale delle se-

I disturbi neuropsichiatrici nella sclerosi multipla. Ugo Nocentini, Carlo Caltagirone, Gioacchino Tedeschi (a cura di) © Springer-Verlag Italia 2011

2

quenze pesate in T2 e in T1, quest'ultime acquisite prima e dopo somministrazione di mezzo di contrasto (gadolinio-DTPA [Gd] al dosaggio standard di 0,1 mmol/Kg). Alle sequenze T2 e T1 si aggiungono molto spesso quelle pesate in DP (Densità Protonica) e quelle T2-FLAIR (Fluid Attenuated Inversion Recovery). Queste ultime, introdotte più di recente, prevedono la soppressione del segnale del liquor per una migliore visualizzazione delle lesioni periventricolari e juxtacorticali.

Per quanto riguarda il segnale delle lesioni demielinizzanti nella SB, queste appaiono iperintense rispetto ai tessuti circostanti nelle immagini T2, DP e T2-FLAIR. Le stesse lesioni, nelle immagini T1 pre-contrasto possono apparire isointense, quindi non distinguibili dai tessuti circostanti, oppure ipointense (con segnale simile al liquor), andando a costituire i cosiddetti *black holes* (BH), che corrispondono alle lesioni più destruenti. Infine, nelle sequenze T1 dopo contrasto le lesioni di recente comparsa o in fase di riattivazione captano il Gd (per alterazione della barriera emato-encefalica, BEE) e appaiono iperintense.

Le lesioni da SM sono documentabili in oltre il 95% dei pazienti con diagnosi definita [4], sono in genere multifocali e si localizzano tipicamente nella SB. La sede più tipica delle lesioni è quella periventricolare, dove le stesse appaiono ovoidali o allungate e con asse maggiore perpendicolare ai ventricoli (per la caratteristica disposizione dell'infiltrato infiammatorio lungo il decorso delle venule radiali). Altre aree interessate sono le regioni sottotentoriali, sottocorticali ed il corpo calloso. Infine, con sequenze ottimizzate, è possibile identificare la presenza di lesioni anche a livello dei nervi ottici e del midollo spinale.

Per quanto riguarda il midollo spinale, gli studi di RM-c finora condotti hanno evidenziato la presenza di lesioni midollari (LM) in una percentuale di pazienti molto variabile (47–90%). Ne deriva che la valutazione del midollo nei casi di sospetta SM con RM dell'encefalo negativa, rappresenta uno strumento diagnostico molto utile, soprattutto quando si considera che le LM possono anche essere asintomatiche [5]. Le LM osservate in corso di SM hanno caratteristiche tipiche: 1) sono generalmente localizzate a livello della porzione superiore del midollo cervicale (C1-C4); 2) si estendono per non più di due mielomeri; 3) sono situate alla periferia del midollo e occupano meno del 50% della sua area traversa; 4) non determinano, in genere, un aumento delle sue dimensioni e non appaiono ipointense nelle sequenze T1 [6]. Infine, vale la pena ricordare che, per lo studio del midollo, le sequenze STIR (Short Tau Inversion Recovery) si sono rivelate più sensibili di quelle tradizionali nel riconoscere le lesioni.

Alcune delle caratteristiche appena citate delle lesioni encefaliche e midollari sono state valutate e validate in studi prospettici e quindi incorporate negli attuali criteri diagnostici paraclinici per la SM (a questo proposito si veda il capitolo: Aspetti Clinici Generali – Diagnosi). Resta comunque il fatto che per una corretta diagnosi di SM dovrebbe sempre essere rispettato il concetto della *no better explanation* dei reperti di RM-c. Vale quindi la pena ricordare che la presenza di un segnale elevato nelle sequenze T2 non ha carattere di specificità per la SM. Infatti, indipendentemente dalla noxa patogena, tutte le alterazioni patologiche del SNC che comportano una perdita d'integrità dei tessuti, con aumento del contenuto relativo di acqua (es. edema, infiammazione, perdita di mielina e/o assoni, necrosi, ecc.), si traducono in un incremento del segnale nelle immagini T2. Da qui l'importanza di un'analisi accurata di tutti i reperti RM (includendo anche immagini non T2) al fine di effettuare una scrupolosa diagnosi differenziale con tutte le condizioni patologiche in grado di mimare un quadro RM simil-SM. Tra queste vanno sicuramente ricordate: la neuromielite ottica, l'encefalomielite acuta disseminata (ADEM), le malattie autoimmuni con interessamento sistemico, le encefalomieliti infettive (tra cui la malattia di Lyme), la neurosarcoidosi e le malattie cerebrovascolari [7]. D'altro canto, nell'ambito della stessa SM, la bassa specificità delle iperintensità in T2, non permette la distinzione tra i diversi substrati anatomopatologici descritti nell'ambito delle lesioni e che vanno dalla semplice infiammazione (con secondaria demielinizzazione), alla grave perdita assonale, passando per tutta una serie di quadri intermedi e diversamente combinati tra loro [8].

Rispetto a quanto detto sopra per le immagini T2, l'utilizzo di immagini T1 ottenute dopo somministrazione di mezzo di contrasto consente di distinguere almeno due tipi di lesioni: 1) quelle croniche e inattive, che non captano il Gd e appaiono iso o ipointense (i BH citati sopra) rispetto ai tessuti circostanti; 2) quelle in fase acuta di infiammazione, cioè di recente comparsa o riattivate, che captano il Gd e appaiono quindi iperintense; il Gd, infatti, è in grado di accumularsi all'interno delle lesioni solo quando la BEE presenta un'aumentata permeabilità, come succede in corso di infiammazione.

Per quanto riguarda i BH, studi di RM-nc e di correlazione RM-neuropatologia hanno dimostrato come queste lesioni corrispondano alle regioni con il più grave danno tessutale, rappresentato da una significativa perdita assonale [9]. Le sequenze T1, però, non essendo quantitative, rendono difficile una valutazione oggettiva e riproducibile delle aree ipointense.

La RM-c ha fornito informazioni molto utili anche sull'andamento temporale della malattia. È ben noto, ad esempio, che nella maggior parte dei pazienti affetti da SM, l'attività infraclinica di malattia misurata con esami RM seriati, è molto maggiore di quella clinica [1]. Ciò vuol dire che, anche in maniera del tutto asintomatica, nuove lesioni possono comparire, mentre lesioni preesistenti possono riattivarsi e ingrandirsi o ridimensionarsi fino anche a scomparire.

Sebbene la RM-c fornisca informazioni rilevanti sullo stato e sull'andamento della malattia, alcuni limiti intrinseci della metodica – tra cui: 1) ridotta specificità patologica; 2) impossibilità di valutare il danno della SB al di fuori delle lesioni focali, nonché il danno della SG; 3) impossibilità di valutare eventuali meccanismi di compenso funzionale; 4) differente sensibilità nei confronti dell'attività di malattia rispetto alla semplice valutazione clinica – impattano negativamente sulle correlazioni esistenti tra i dati di RM-c e i dati di disabilità clinica che, infatti, risultano piuttosto deludenti [10, 11]. Alla genesi di questo paradosso clinico-radiologico osservato nella SM [12] contribuiscono anche alcuni limiti intrinseci delle scale cliniche utilizzate. L'Expanded Disability Status Scale (EDSS) [13], infatti, sebbene sia la scala più utilizzata nella SM, non è oggettiva, è ordinale e non continua ed è eccessivamente influenzata dai deficit deambulatori, trascurando invece disturbi molto rilevanti quali quelli cognitivi.

2.3
Neuroimmagini e ricerca

2.3.1
RM convenzionale

La RM-c ha contribuito e tuttora contribuisce significativamente alla ricerca clinica sulla SM in due ambiti principali: 1) studi di storia naturale di malattia; 2) trial clinici di fase II/III per la valutazione di efficacia di nuove terapie sperimentali.

Per quanto riguarda gli studi di storia naturale di malattia, la RM-c ha permesso di definire sede e tipologia, nonché modalità di comparsa ed evoluzione temporale delle lesioni [1]. A quest'ultimo proposito vale la pena ricordare che l'evoluzione delle lesioni acute in BH è stata associata a determinate caratteristiche delle lesioni stesse in fase precoce, come le dimensioni e la tipologia/durata della captazione [14]. In accordo con i dati di neuropatologia [15], inoltre, è stata osservata una più ristretta variabilità di evoluzione delle lesioni di nuova comparsa sia a livello intra-individuale che inter-individuale, suggerendo una sorta di livello predeterminato di attività/aggressività di malattia per ciascun paziente [16]. Merito indiscusso degli studi di storia naturale di malattia è stato, quindi, quello di aver prodotto le conoscenze e le metodologie per l'applicazione su larga scala della RM-c, sia nell'ambito clinico quotidiano (con la possibilità di migliorare l'accuratezza diagnostica e monitorare i pazienti nel tempo), sia nell'ambito della valutazione di efficacia di nuovi trattamenti per la SM [17].

Il primo studio di fase II/III che ha utilizzato la RM-c come outcome paraclinico secondario risale al 1993, epoca in cui i dati di RM-c supportarono i risultati clinici e quindi la registrazione della prima formulazione di interferone per la SM recidivante-remittente (SMRR) [18]. Da quel momento, tutti i farmaci approvati per la SMRR hanno utilizzato la RM-c quale outcome secondario nei rispettivi studi di registrazione di fase III [19–22]. Lo stesso approccio, d'altra parte, è stato seguito anche dai recenti studi clinici su pazienti con Sindrome Clinica Isolata (CIS) suggestiva di SM che hanno dimostrato l'efficacia di alcune molecole (già approvate per la SMRR), sia nel ritardare la conversione a SM clinicamente definita (SMCD), sia sui parametri di RM-c [23–26].

Gli indici di RM-c utilizzati negli studi clinici di fase II/III sono rappresentati da: 1) conta delle lesioni attive, includendo le lesioni iperintense nelle immagini T2/DP di nuova comparsa o di dimensioni aumentate rispetto a un esame precedente e le lesioni captanti il Gd nelle immagini T1 su RMN seriate, il più delle volte mensili; 2) misurazione dei volumi complessivi delle lesioni iperintense nelle immagini T2 o ipointense in quelle T1 e calcolo delle loro variazioni nel tempo, su RM seriate con cadenza da mensile ad annuale; 3) valutazione trasversale e longitudinale dell'atrofia cerebrale e midollare su RM seriate con cadenza da semestrale ad annuale.

Le misure di atrofia sono state introdotte più recentemente ma vengono utilizzate, soprattutto quelle cerebrali, sempre più di frequente. Il miglioramento degli scanner e delle sequenze (con la possibilità di acquisire immagini anatomiche ad alta definizione in tempi ragionevoli), nonché delle metodiche di calcolo (per lo più automatiche) dell'atrofia e le migliori correlazioni di queste misure con la disabilità clinica (rispetto a quelle ottenute con le misure legate alle lesioni focali della SB), infatti, hanno reso le valutazioni dell'atrofia molto utili, se non addirittura indispensabili, per lo studio della SM.

Ad ogni modo, seppur di grande utilità, tutte le suddette misure di RM-c non possono ancora sostituire i tradizionali outcome primari di tipo clinico, quali il numero di ricadute e l'EDSS che, seppur gravati anch'essi da notevoli limiti, vengono tuttora impiegati negli studi registrativi di fase III. Quanto appena detto si basa sul fatto che le correlazioni tra il carico lesionale misurato con la RM-c e l'evoluzione clinica della malattia non sono abbastanza forti da rendere la RM un marker surrogato a tutti gli effetti. In pratica è stato osservato che, mentre una riduzione dell'attività di malattia misurata tramite RM-c non si accompagna necessariamente a una remissione clinica, tutti i farmaci clinicamente efficaci nella SM (soprattutto quelli ad azione antinfiammatoria-immunomodulante) hanno un effetto positivo anche sui parametri RM, il che ne giustifica l'uso negli studi di fase II e, come conferma, negli studi di fase III.

Le raccomandazioni per l'uso della RM nei trial clinici variano a seconda del tipo di studio che si vuole intraprendere: studi esplorativi su nuovi agenti terapeutici in pazienti con forme definite di SM; studi di conferma in pazienti con forme definite di SM; studi in pazienti con CIS.

Nel primo caso, cioè studi esplorativi di fase II con nuovi farmaci, la conta delle lesioni Gd+ su esami mensili viene raccomandata come misura primaria di efficacia [27, 28].

Nel secondo caso (studi di fase III), tenuto conto delle limitate correlazioni tra i reperti di RM-c e quelli clinici, la conta/volume delle lesioni presenti nelle immagini post-contrasto e T2, nonché le misure di atrofia vengono considerate misure secondarie (confermative) di efficacia. In qualche caso si può anche andare a valutare l'impatto del trattamento sui processi più distruttivi (perdita assonale) della malattia misurando, ad esempio, numero/volume dei BH [29]. Nel terzo e ultimo caso, la RM-c viene utilizzata principalmente per selezionare pazienti ad alto rischio di conversione a SM definita, cioè quelli che presentano lesioni demielinizzanti tipiche della malattia già all'esordio clinico.

2.3.2
Contributo della RM-nc

Nell'intento di superare i limiti della RM-c e cercare di chiarire il paradosso clinico-radiologico osservato nella SM, tutta una serie di nuove metodiche di RM cosiddette non convenzionali (RM-nc) è stata sviluppata e messa a punto negli ultimi anni. I principali vantaggi di queste tecniche quantitative risiedono nella capacità di misurare accuratamente il danno tessutale in ogni regione o porzione di encefalo/midollo di interesse e nella possibilità di studiare i meccanismi di riorganizzazione funzionale corticale. La bontà delle metodiche di RM-nc è confermata, d'altra parte, dal notevole impulso dato alla ricerca nel campo della SM e dalla loro costante crescita, in termini di sviluppo e diffusione.

Nei paragrafi che seguono, faremo prima un breve accenno alle principali metodiche di RM-nc, quindi discuteremo i vantaggi apportati dalle stesse all'avanzamento delle conoscenze sulla SM.

2.3.3
Introduzione alle principali tecniche di RM-nc

2.3.3.1
RM con trasferimento della magnetizzazione (MTI)

L'MTI si basa sul principio che i protoni presenti nei tessuti animali possono essere "liberi", quando legati alle molecole di acqua (che, per abbondanza, forniscono la maggior parte del segnale RM), oppure "vincolati", quando invece sono legati a molecole di grandi dimensioni, quali sono i costituenti della mielina e delle membrane assonali nel caso del tessuto nervoso [30]. Tra i due pool di protoni vi è un continuo interscambio, per cui stimolando selettivamente i protoni "vincolati", questi trasferiscono parte della loro energia a quelli "liberi". Con appropriate metodiche di acquisizione ed elaborazione dati, si può calcolare voxel per voxel l'indice di trasferimento di energia tra i due pool (il cosiddetto *magnetization transfer ratio* – MTR) e ottenere mappe quantitative di MTR che permettono di valutare indirettamente lo stato di integrità della mielina e delle membrane assonali in qualsiasi regione di interesse. In sostanza, tanto più basso sarà l'MTR, tanto più severa sarà stata la perdita di assoni e mielina nella regione cerebrale/midollare esaminata [30]. L'MTI, anche per la sua relativa semplicità di acquisizione ed elaborazione, ha avuto notevole successo e diffusione nell'ambito dello studio della SM. Ad oggi questa metodica viene sempre più utilizzata, anche in studi multicentrici, per meglio caratterizzare: 1) le lesioni macroscopiche identificate con la RM-c; 2) il danno microscopico diffuso presente al di fuori delle lesioni focali e cioè nella SB apparentemente normale (SBAN) e nella SG. A questo proposito, vale la pena ricordare che lo studio della SBAN e della SG prevede sia un approccio tradizionale per regioni di intessere, sia l'utilizzo della metodica degli istogrammi che permette di valutare la distribuzione dei valori di MTR in ampie porzioni o intere strutture dell'encefalo [31].

2.3.3.2
RM pesata in diffusione con ricostruzione del tensore (DTI)

In un sistema fluido, le molecole d'acqua sono sottoposte a un moto casuale di diffusione in tutte le direzioni dello spazio che viene espresso, in termini matematici, dal coefficiente di diffusione. All'interno di sistemi biologici, invece, la struttura intrinseca dei tessuti influenza significativamente il moto di diffusione delle molecole d'acqua per cui si preferisce parlare di coefficiente di diffusione apparente (ADC).

La presenza di barriere (costituite principalmente da complessi macromolecolari e membrane cellulari) e la loro architettura, infatti, limitano la diffusione e favoriscono una direzionalità delle molecole d'acqua [32]. Ne deriva che nei tessuti caratterizzati da una struttura poco organizzata la diffusione sarà simile in tutte le direzioni (isotropa), mentre in quelli caratterizzati da un'architettura ordinata e ben orientata, la diffusione prevarrà nettamente in certe direzioni e sarà quindi anisotropa.

Se consideriamo adesso il SNC, la SG e la SB hanno caratteristiche microstrutturali ben distinte. In particolare, mentre la prima presenta una struttura grossolanamente omogenea, consentendo all'acqua una diffusione isotropica, la seconda presenta una struttura organizzata in fasci di fibre nervose mieliniche compatte e ben orientate, che impongono all'acqua una diffusione anisotropica, cioè parallela, piuttosto che perpendicolare, alle fibre stesse.

Un unico coefficiente scalare risulta dunque insufficiente a caratterizzare quantitativamente il fenomeno della diffusione nei tessuti anisotropici. Una descrizione più adeguata può essere data in termini di tensore di diffusione (da cui Diffusion Tensor Imaging o DTI) [33] che permette di caratterizzare struttura, geometria e orientamento delle strutture encefaliche analizzate. Dalla ricostruzione del tensore si ottengono indici quali la diffusività media (DM), che rappresenta un indice della diffusione globale e l'anisotropia frazionaria (AF), che invece rappresenta un indice quantitativo di anisotropia del tessuto (con valori che vanno da 0 a 1 con l'aumentare dell'anisotropia) [34]. Analogamente a quanto accade per l'MTI, l'analisi delle immagini pesate in diffusione prevede la ricostruzione di mappe quantitative di DM e AF e un successivo approccio basato su regioni di interesse o istogrammi [35].

Più recentemente, poi, l'affinamento delle metodiche di acquisizione ed elaborazione dati di DTI ha consentito lo sviluppo della trattografia, metodica in grado di ricostruire e studiare *in vivo* i principali fasci di fibre nervose cerebrali e midollari [36].

I processi patologici coinvolti nella SM determinano alterazioni microstrutturali a livello encefalico e midollare e in particolar modo a livello della SB, inducendo modificazioni della diffusione dell'acqua con un aumento della DM e una riduzione della AF. Ne consegue che le tecniche di DTI applicate allo studio della SM risultano estremamente sensibili nel riconoscere e quantificare sia il danno tessutale presente all'interno delle lesioni, sia quello microscopico diffuso presente nei tessuti apparentemente indenni da lesioni, come la SBAN e la SG.

2.3.3.3
RM spettroscopica del protone (1H-RMS)

La 1H-RMS rappresenta una metodica particolarmente utile per lo studio *in vivo* delle alterazioni biochimiche presenti nel tessuto cerebrale in corso di SM [37]. La 1H-RMS si basa sulla possibilità di evidenziare i protoni legati a molecole diverse da quelle dell'acqua sfruttando il principio secondo il quale nuclei appartenenti alla stessa specie atomica risuonano a frequenze differenti in relazione al loro ambiente chimico (*chemical shift*). Lo spettro protonico che si ottiene, è costituito da una serie di

2

picchi di segnale che hanno un'intensità proporzionale alla concentrazione dei metaboliti protonici che li determinano.

Nell'ambito dello studio della SM, la 1H-RMS si avvale di diverse tecniche di acquisizione: 1) la RMS *single-voxel*, che fornisce informazioni riguardo un singolo volume, di dimensioni variabili, posizionato a livello di una lesione o di una porzione di tessuto apparentemente normale; vantaggi: facilità di acquisizione e analisi dei dati, nonché disponibilità della metodica sui comuni scanner di RM; svantaggi: impossibilità di valutare multiple aree cerebrali, laddove la SM è una malattia diffusa/multifocale; 2) la RMS *multivoxel*, che fornisce informazioni su multipli voxel appartenenti alla stessa *slice*; vantaggi: possibilità di studiare grosse porzioni dell'encefalo; svantaggi: tempi di acquisizione più lunghi e analisi dei dati molto più complessa rispetto alla 1H-RMS *single-voxel*.

I principali metaboliti evidenziabili *in vivo* con le comuni sequenze a lungo tempo d'eco (TE) (TE:135-270 msec), sono: 1) i composti contenenti Colina (Cho) e lipidi, costituenti fondamentali delle membrane cellulari e mieliniche; 2) la Creatina (Cr), marker del metabolismo energetico cellulare; 3) l'N-Acetil-Aspartato (NAA), metabolita presente esclusivamente a livello dei neuroni e dei loro processi assonali; a questo proposito, vale la pena ricordare che un indice particolarmente utile nel definire il grado di perdita assonale è dato dal rapporto NAA/Cr; 4) il lattato, prodotto del metabolismo ossidativo anaerobio.

Utilizzando, invece, sequenze di 1H-RMS con TE brevi (20-30 msec) è possibile valutare anche i segnali del mio-inositolo, del glutammato e della glutammina.

Alla luce di quanto detto sopra, la 1H-RMS viene utilizzata nello studio della SM per valutare soprattutto il danno assonale che, essendo irreversibile, viene ritenuto il principale substrato patologico della disabilità progressiva e permanente osservata nei pazienti con SM [38, 39].

2.3.3.4
RM funzionale (fMRI)

La fMRI viene sempre più frequentemente utilizzata nello studio delle malattie neurologiche per indagare i meccanismi di riorganizzazione corticale che, in maniera dinamica e per lo più con significato di compenso, entrano in funzione in corso di malattie del SN. L'fMRI si basa sul cosiddetto segnale BOLD (*blood oxygenation level-dependent)* che dipende da una serie di fattori, tra cui il flusso/volume di sangue e il rapporto ossiemoglobina/deossiemoglobina che si modificano, a livello del microcircolo cerebrale, in corso di attivazione neuronale [40].

2.3.4
Tecniche di acquisizione e analisi di immagini di RM per lo studio della sostanza grigia

Alla luce dei dati che documentano, in maniera sempre più convincente, un coinvolgimento sia focale che diffuso della SG e il suo ruolo nella genesi della disabilità fisica e cognitiva osservata nei pazienti SM [41, 42], la ricerca nel campo delle neuroimmagini si sta muovendo, già da diversi anni, in molteplici direzioni: 1) utilizzo di scanner RM ad alto campo magnetico (3 e 7 Tesla) con bobine multicanale e sviluppo di sequenze RM ottimizzate per l'identificazione delle lesioni focali della SG corticale (LF-SGc); 2) messa a punto di nuove metodiche di analisi di immagine che permettano di identificare le LF-SGc con sequenze standard; 3) implementazione delle metodiche di segmentazione automatica della SG – corticale e profonda – per valutare accuratamente entità e distribuzione dell'atrofia cerebrale, nonché lo spessore corticale [43–45].

L'identificazione *in vivo*, tramite la RM, delle LF-SGc presenti nella SM è resa particolarmente indaginosa da tutta una serie di problematiche, tra cui: 1) dimensioni ridotte (spesso al di sotto del millimetro) delle LF-SGc che, anche quando estese, sono comunque molto sottili; 2) basso contrasto di segnale tra le LF-SGc e la SGc indenne circostante; 3) ridotta componente infiammatoria nell'ambito delle LF-SGc, con scarsa applicabilità dei mezzi di contrasto disponibili; 4) presenza di effetti di volume parziale con il liquor circostante, con effetti particolarmente negativi sia sull'identificazione delle lesioni di tipo III e IV, sia sull'accuratezza delle misurazioni volumetriche della SGc; 5) utilizzo, nella pratica clinica, di scanner RM a campo magnetico non elevato e sequenze non ottimizzate per l'identificazione delle LF-SGc.

A proposito degli scanner RM, è importante sottolineare che il crescente impiego di apparati ad alto campo magnetico (3T e 7T) per scopi di ricerca ha già prodotto significativi avanzamenti nell'identificazione e classificazione delle LF-SGc presenti nella SM [46–49].

Per quanto riguarda, invece, lo sviluppo e la messa a punto di sequenze appositamente studiate per la visualizzazione/caratterizzazione delle LF-SGc, vale sicuramente la pena citare le sequenze MPRAGE ad alta risoluzione, quelle 2D- e 3D-FLAIR e, più recentemente, le Double Inversion Recovery (DIR). Tutte le sequenze sopraelencate hanno confermato una maggiore sensibilità nell'identificare le LF-SGc rispetto alle immagini convenzionali T2 e T1 [50–53]. Le sequenze DIR, inoltre, hanno anche mostrato una discreta sensibilità alle differenti tipologie di lesioni, distinguendo lesioni esclusivamente intracorticali (classificate istologicamente nei tipi: II, III/IV) e lesioni miste leuco-corticali (tipo I) [46, 54, 55].

Tra le metodiche di analisi di immagini che consentono una migliore identificazione delle LF-SGc utilizzando sequenze già disponibili sui comuni scanner RM, ve ne è una che prevede il cosiddetto *averaging* di multiple acquisizioni della stessa sequenza. Operando in questa maniera si ottengono, di fatto, immagini "meno rumorose" e con un migliore contrasto tra i tessuti, migliorando la capacità di identificare le piccole LF-SGc [56]. Questo approccio, per quanto innovativo, presenta alcune problematiche che ne limitano l'applicazione su larga scala, tra cui: 1) necessità di sedute di RM più lunghe o ripetute; 2) difficoltà metodologiche, legate alla coregistrazione di immagini multiple, soprattutto in presenza di artefatti da movimento molto frequenti nei pazienti con SM.

Per quanto concerne le misurazioni di volume e di spessore della SG va detto che per semplicità e anche perché la corteccia cerebrale rappresenta la porzione di SG più voluminosa e più *nobile*, d'ora in avanti si farà riferimento soprattutto alla SGc, fermo restando che molte delle tecniche che misurano i volumi della SGc sono in grado di misurare anche quelli della SG profonda (SGp).

Lo studio del volume/spessore della SGc in pazienti con SM, presenta almeno quattro vantaggi: 1) valutazione complessiva del danno della SGc; questo punto è particolarmente rilevante perché, al di là delle LF-SGc (che, come detto sopra, sono molto difficili da misurare con accuratezza), è ben nota la presenza di un danno microscopico "invisibile" anche a livello della SGc; 2) possibilità di utilizzo di tecniche di misurazione automatiche o semiautomatiche, con riduzione fino all'annullamento dell'effetto "operatore" (fortemente presente nel caso delle LF-SGc) e con risultati estremamente accurati e riproducibili, tali da consentire la messa a punto di studi longitudinali e multicentrici, indispensabili per la valutazione di trattamenti farmacologici; 3) migliori correlazioni con gli indici di disabilità clinica (fisica e cognitiva) rispetto a quelle ottenute utilizzando le misure di danno focale; 4) possibilità di fare confronti tra gruppi di pazienti per studiare l'entità, ma anche la distribuzione del danno della SGc.

I software messi a punto per l'analisi della SG sono piuttosto complessi e prevedono una serie di passaggi intermedi che culminano nella segmentazione, cioè nella separazione dei vari tessuti intracranici. A questo punto ogni pixel dell'immagine sarà stato assegnato al suo tessuto di appartenenza (es.: SG, SB, liquor, ecc.) e potrà essere misurato il volume di interesse che, nel caso in questione, sarà quello della SG, eventualmente distinto in SGc e SGp. Il buon esito della segmentazione dipende, comunque, oltre che dalla bontà del software utilizzato, anche dalla qualità delle immagini di partenza, che dovrebbero avere: 1) elevata risoluzione spaziale; 2) buon contrasto di segnale tra i tessuti da segmentare; 3) pochi artefatti e accettabile omogeneità di segnale.

I pacchetti software ad oggi più utilizzati per la segmentazione e la misurazione dei volumi cerebrali, e in particolar modo della SG, sono: 1) *Structural Image Evaluation using Normalization of Atrophy* (SIENA), che esiste in una versione per studi longitudinali (SIENA, appunto) e una per gli studi trasversali (SIENAX); 2) Statistical Parametric Mapping (SPM), nato per l'analisi di dati funzionali (PET e fMRI), ma successivamente implementato con algoritmi per la segmentazione e la *Voxel Based Morphometry* (VBM), che permette di confrontare gruppi di soggetti e studiare le differenze nella distribuzione spaziale dell'atrofia [57].

Per quanto riguarda, invece, le metodiche in grado di misurare direttamente lo spessore della corteccia cerebrale va sicuramente citato FreeSurfer [58–62]. L'elaborazione delle immagini da parte di questo software è molto complessa e prevede numerosi passaggi prima di giungere alla misurazione punto per punto dello spessore del mantello corticale. FreeSurfer, inoltre, è in grado di segmentare accuratamente le strutture sottocorticali, inclusa la SGp, e misurarne le volumetrie [63].

2.3.5
Studio delle lesioni focali con tecniche di RM-nc

2.3.5.1
MTI

Numerose evidenze sperimentali suggeriscono che tanto più bassi sono i valori di MTR a livello delle lesioni focali della SM, tanto più grave sarà il danno tessutale. In particolare è stato osservato che la riduzione dell'MTR correla significativamente con: 1) la perdita assonale [64], quantificata istologicamente; 2) la riduzione dell'NAA [65]; 3) il grado di ipointensità dei BH nelle sequenze T1 [64, 66], che, a sua volta, è strettamente correlato alla severità del danno tessutale [9]. Una riduzione dei valori di MTR si registra anche al momento e finanche prima della comparsa di nuove lesioni ed è in genere seguita da un progressivo recupero degli stessi con o senza ritorno alla normalità [67–70]. I substrati patologici alla base delle modificazioni dinamiche dell'MTR sarebbero rappresentati, più che dalla risoluzione dell'edema/infiammazione, dall'entità dei processi di demielinizzazione/remielinizzazione e perdita assonale.

Nell'ambito della SM, quindi, l'MTI rappresenta una metodica molto utile sia per caratterizzare i diversi tipi di lesioni, sia per monitorare l'evoluzione delle stesse, permettendo così di valutare eventuali effetti protettivi/riparativi di terapie sperimentali.

2.3.5.2
DTI

Le lesioni focali della SM sono caratterizzate da una riduzione dei valori di AF e da un aumento dei valori di DM, quando confrontati con quelli della SBAN dei pazienti stessi o della SB di volontari sani [71]. In accordo con la notevole eterogeneità dei substrati patologici delle lesioni, inoltre, i valori di DM e AF risultano molto variabili da lesione a lesione. Questi dati, nel loro insieme, indicano un aumento dello spazio extra-cellulare e una riduzione delle barriere che normalmente *restringono* la diffusione, nell'ambito delle lesioni focali. In particolare, la perdita assonale e la demielinizzazione sarebbero associate a un aumento della DM e alla riduzione della AF (con entrambi i meccanismi suddetti), mentre un'intensa gliosi reattiva sarebbe caratterizzata da bassi valori sia di DM, sia di AF. Gli effetti dell'infiammazione, invece, sembrano essere piuttosto variabili dal momento che la presenza di cellule e prodotti di degradazione tessutale potrebbero agire come barriere limitanti la diffusione, mentre l'effetto dell'edema sarebbe opposto.

2.3.5.3
1H-RMS

Gli studi di 1H-RMS hanno dimostrato che le lesioni acute della SM sono caratterizzate, nelle prime fasi del processo patologico, da un incremento della concentra-

2

zione di Cho e Lac [72]. Utilizzando TE brevi, inoltre, è stato evidenziato anche un transitorio incremento dei livelli di lipidi e mioinositolo dovuto, probabilmente, alla degradazione della mielina [72, 73]. Tutte le alterazioni sopracitate si associano quasi costantemente ad una riduzione dell'NAA, indice di danno/disfunzione assonale [74]. Dopo la fase acuta si assiste, in genere, a una progressiva normalizzazione dei metaboliti ad eccezione, però, dell'NAA che può rimanere stabilmente ridotto o mostrare soltanto un recupero parziale nei mesi successivi [75].

Nelle lesioni croniche si riscontra solitamente una riduzione variabile, ma stabile nel tempo, della concentrazione di NAA [76, 77]. Tale riduzione è meno pronunciata nei pazienti con forme benigne di malattia rispetto a quelli con forme progressive [78], indicando un minore danno e/o una maggiore capacità di recupero di NAA nei pazienti meno disabili.

2.3.6
Studio della sostanza bianca apparentemente normale (SBAN) con tecniche di RM-nc

2.3.6.1
MTI

Studi post-mortem hanno dimostrato alterazioni della SBAN in pazienti con SM. I substrati patologici di tali alterazioni comprendono l'edema, la marcata proliferazione astrocitaria, la flogosi perivascolare, la demielinizzazione, ma anche la perdita assonale [79, 80]. L'MTR è in grado di cogliere questo danno microscopico, risultando frequentemente ridotto nella SBAN di pazienti con forme conclamate di SM [81]. Nondimeno, nella sede di formazione di una lesione, è possibile documentare una riduzione di MTR già alcune settimane prima che il danno tessutale divenga visibile con la RM-c [68, 82]. Utilizzando invece la metodica degli istogrammi è possibile evidenziare differenze significative nei valori medi di MTR della SBAN anche tra i differenti fenotipi clinici di malattia [83, 84]. In particolare, le alterazioni risulterebbero più marcate nei pazienti con forme progressive di malattia (SM primariamente progressiva, SMPP o SM secondariamente progressiva, SMSP) rispetto a quelli con forme SMRR o benigne, mentre sarebbero minimi o assenti nei pazienti all'esordio di malattia [85–89]. Considerando i dati nel loro insieme, quindi, sembrerebbe evidente una progressiva estensione e accentuazione del danno microscopico diffuso a carico della SBAN con l'avanzare della malattia.

A conferma di quanto appena detto e, quindi, della rilevanza clinica del danno microscopico diffuso extra-lesionale, le correlazioni tra i parametri clinici (disabilità fisica e cognitiva) e i valori di MTR derivati dagli istogrammi della SBAN hanno dato risultati positivi [90, 91].

2.3.6.2
DTI

Così come l'MTI, anche la metodica del DTI si è rivelata molto sensibile al danno microscopico diffuso del tessuto cerebrale non coinvolto da lesioni in corso di SM. Gli studi di confronto con la SB di volontari sani, infatti, riportano valori di DM e AF rispettivamente aumentati e ridotti nella SBAN di pazienti affetti da SM [92, 93]. La sensibilità di questa metodica è tale che simili alterazioni sono state identificate anche nella SBAN di pazienti CIS, cioè all'esordio di malattia [94, 95]. Modeste, invece, sono le correlazioni con il carico lesionale in T2 [35], suggerendo che il danno microscopico della SBAN non sia il semplice risultato della degenerazione walleriana delle fibre che attraversano le lesioni focali, ma piuttosto rappresenterebbe un processo, almeno in parte, indipendente.

2.3.6.3
1H-RMS

Una riduzione significativa dei livelli di NAA è stata riscontrata ripetutamente nella SBAN di pazienti con SM [96, 97]. Inoltre, l'entità del danno assonale, espresso dai valori di NAA, è risultato strettamente correlato alla disabilità fisica dei pazienti [98]. Queste alterazioni potrebbero essere dovute sia alla degenerazione walleriana secondaria alla sezione degli assoni nelle lesioni focali (come suggerirebbero alcuni studi di microscopia elettronica) [79], sia alla presenza di alterazioni della SBAN che precedono la formazione di lesioni focali (come dimostrato dagli studi di MTI [68] e di DTI [99]) sia, infine, da una disfunzione assonale metabolica cronica secondaria, ad esempio, a un danno della funzione mitocondriale dovuto alla presenza di metaboliti quali l'ossido nitrico [100].

Molto utili per lo studio della fisiopatologia della SM sono state anche le ricerche condotte su popolazioni di pazienti con CIS o in fase iniziale di SM. Le prime indagini condotte in questi pazienti hanno mostrato, in maniera non sempre consistente, la presenza di una disfunzione/perdita assonale nell'ambito della SBAN [101]. In alcuni casi la riduzione di NAA era transitoria [75] e poteva dipendere dalla risoluzione dell'edema, da un deficit temporaneo della sintesi di NAA o anche dalla migrazione verso la lesione di progenitori oligodendrogliali contenenti NAA. Sempre in questi pazienti, poi, lavori molto più recenti hanno evidenziato elevati livelli di mio-inositolo nella SBAN, suggerendo un ruolo patogenetico di questo metabolita nel danno microscopico della SB [102]. A supporto di quanto appena detto, Wattjes e coll. [103] hanno osservato, in uno studio longitudinale, che i valori di mio-inositolo risultavano maggiormente elevati nel sottogruppo di pazienti che convertiva a SM clinicamente definita durante il periodo di follow-up.

2.3.7
Studio della sostanza grigia con tecniche di RM-nc

2.3.7.1
MTI, DTI e 1H-RMS

Numerosi studi di RM-nc, in accordo con le sempre più convincenti evidenze

2

neuropatologiche, hanno mostrato un coinvolgimento della SG nella SM [41, 42].

Questi studi, in genere, hanno documentato una riduzione dell'MTR e dell'NAA e un aumento della DM a livello della SG di pazienti con SM. Tali alterazioni sembrerebbero accentuarsi nel tempo, divenendo molto più frequenti e marcate nelle forme avanzate di malattia. Un'ipotesi di lavoro molto accattivante, supportata dalle ricerche finora condotte, suggerisce che il danno progressivo della SG in corso di SM potrebbe costituire il principale meccanismo coinvolto nello sviluppo dell'atrofia cerebrale così come nella progressione irreversibile della disabilità osservate nei pazienti con SM [41, 42].

Per quanto riguarda l'MTI, numerosi sono gli studi che hanno mostrato valori ridotti di MTR nella SGc di pazienti affetti da SM. La riduzione dell'MTR è evidente sin dalle prime fasi di malattia e si accentua con l'avanzare della stessa [90, 104]. Risultati meno consistenti riguardano invece la SG sottocorticale, dove non sempre sono state riscontrate differenze significative rispetto ai controlli sani [105]. Il valore clinico dell'MTI è fortemente sostenuto da una serie di studi trasversali e longitudinali che hanno mostrato una correlazione significativa tra i valori di MTR della SG e gli indici di disabilità fisica [104] e cognitiva [106, 107], così come l'evoluzione della malattia nel medio-lungo termine [108–110].

Gli studi condotti con DTI hanno evidenziato un aumento di DM e una riduzione di AF nella SG di pazienti affetti da SM [93]. Quando questi parametri venivano valutati in differenti fenotipi di SM, i pazienti con forme cronico-progressive di malattia esibivano le alterazioni più marcate [111, 112]. Gli studi con DTI hanno pure colto, a differenza di quelli con MTI, la presenza di un danno microscopico diffuso a livello di varie strutture grigie profonde quali il caudato e il talamo [94, 113, 114]. Per finire, i valori di DM della SG si sono dimostrati sia sensibili all'evoluzione della malattia nel tempo [115, 116], sia buoni predittori dello stato clinico [117] e cognitivo dei pazienti [118, 119].

Gli studi di 1H-RMS sulla SG corticale di pazienti con SMRR e SMSP hanno mostrato, in maniera consistente, valori di NAA più bassi rispetto ai controlli sani [120–122]. Uno studio in pazienti con SMRR ha anche mostrato la presenza di picchi legati a componenti di degradazione della mielina. Questi risultati sembrerebbero confermare i dati neuropatologici che evidenziano demielinizzazione ed attivazione della microglia a livello delle LF-SGc [123]. D'altra parte, una riduzione dell'NAA associata a perdita neuronale e atrofia è stata già documentata a livello della SG profonda [124].

I più recenti sviluppi tecnologici della 1H-RMS hanno portato alla messa a punto di una metodica non-localizzata, che permette di misurare la concentrazione di NAA nell'encefalo in toto (Whole Brain NAA, WBNAA) [125, 126]. Utilizzando questa tecnica, Filippi e coll. hanno riscontrato valori ridotti di WBNAA in tutte le forme di malattia, con maggiori riduzioni in quelle avanzate e sostanziale stabilità in quelle benigne [127–129]. Anche in questi studi, per l'ennesima volta, è emersa una scarsa correlazione con il numero/volume delle lesioni focali, suggerendo una quantomeno parziale indipendenza del danno microscopico diffuso da quello macroscopico focale.

2.3.8
Tecniche RM dedicate allo studio delle LF-SGc

In corso di SM, la presenza di LF-SGc è documentabile sin dalle prime fasi di malattia e tende ad aumentare nelle forme progressive più rapidamente di quanto non faccia in quelle all'esordio o recidivanti-remittenti [130]. In pazienti con forma benigna di SM, poi, la formazione di nuove LF-SGc risulta essere particolarmente ridotta [131]. Dati molto interessanti riguardano anche le correlazioni tra il numero/volume delle LF-SGc e l'andamento clinico della malattia. È risultato piuttosto evidente, infatti, che la presenza e l'accumulo di LF-SGc siano correlati alla disabilità fisica e cognitiva dei pazienti e possano predire l'evoluzione clinica nel breve-medio termine [132–135]. Infine, a ulteriore supporto di questi dati, vi sono le forti correlazioni esistenti tra il numero/volume delle LF-SGc e l'atrofia della SGc, notoriamente correlata ai più importanti parametri clinici [133–135].

2.3.9
Tecniche RM dedicate allo studio dei volumi e dello spessore della SG

Una ormai corposa mole di dati dimostra che l'atrofia cerebrale e midollare in corso di SM inizia nelle fasi precoci di malattia e coinvolge tanto la SB quanto la SG [42]. Le misure di atrofia cerebrale, e in particolar modo quelle relative alla SG, correlano con la disabilità clinica dei pazienti molto meglio di quanto non facciano i carichi lesionali e alcune misure di RM-nc [136–139]. Le metodiche oggi disponibili per il calcolo dell'atrofia cerebrale/corticale sono molto raffinate e permettono di cogliere piccole ma significative riduzioni volumetriche già dopo 9-12 mesi di follow-up [140–144].

Risultati molto interessanti ci vengono forniti anche dagli studi di correlazione tra le misure di atrofia della SG e le prestazioni cognitive di pazienti affetti da SM. Il gruppo di Firenze, ad esempio, studiando la stessa popolazione di pazienti ha dimostrato dapprima una riduzione di volume della corteccia cerebrale nei soggetti cognitivamente compromessi e, successivamente, una più rapida perdita di volume corticale nei soggetti che peggioravano le loro prestazioni cognitive dopo 2 anni e mezzo di follow-up [142, 143]. La stretta relazione esistente tra l'atrofia della SGc e i deficit cognitivi in corso di SM è stata confermata anche da altri gruppi di ricerca [144], ma più recentemente risultati positivi sono stati ottenuti anche studiando altre strutture grigie, quali il talamo, il caudato e l'ippocampo [145–147]. Alcuni studi basati sulle misure di atrofia della SG hanno valutato l'impatto di quest'ultima sulla fatica, un sintomo molto disabilitante, riferito di frequente dai pazienti con SM. Sebbene sia risultata un'associazione con il danno focale della SB, le misure di atrofia della SB e SG risultavano i migliori predittori dei livelli di fatica, insieme ad altri fattori socio-demografici [148].

Infine, per quanto riguarda i disturbi dell'umore in corso di SM, dati molto preliminari di volumetria e atrofia regionale sembrerebbero suggerire un coinvolgimento preferenziale della SG a livello frontale e temporale [149–151].

Come già accennato nella sezione introduttiva alle metodiche di studio della SG, una tecnica di studio dell'atrofia cerebrale in grande espansione è rappresentata dalla VBM, che permette di confrontare gruppi di soggetti (es. pazienti con diverso fenotipo o con diverso grado di disabilità, ecc.) per analizzare le differenze nella distribuzione spaziale dell'atrofia cerebrale. In maniera più o meno sovrapponibile, gli studi finora condotti con la VBM in pazienti con SM hanno evidenziato una significativa perdita di tessuto a livello fronto-temporo-parietale così come a livello della SG profonda (in particolare il talamo) e del cervelletto [152]. Differenze significative sono state riportate recentemente anche tra pazienti con differenti fenotipi di malattia [153]. In un discreto numero di casi è stata poi descritta una interessante associazione tra deficit motori e/o cognitivi e perdita di SGc a livello di aree funzionalmente correlate [154–156]. In un recente lavoro di Morgen e coll. gli autori hanno riportato una maggiore estensione e gravità dell'atrofia corticale a livello fronto-temporo-parietale nel sottogruppo di pazienti con evidenti deficit cognitivi [154]. La VBM, infine, è stata anche utilizzata per studiare la fatica in corso di SM, evidenziando un coinvolgimento dei circuiti attentivi e motori superiori fronto-parietali [157, 158].

L'approccio più recente e avanzato allo studio morfologico-strutturale della SGc è rappresentato, probabilmente, dalle tecniche di misurazione dello spessore corticale. Queste metodiche, infatti, permettono di valutare non solo lo spessore del mantello corticale in ogni suo punto, ma anche il volume e la distribuzione della SGc, finendo con l'integrare in qualche modo le tecniche volumetriche con quelle di VBM sopracitate. Nei pochi studi finora effettuati è emerso in maniera evidente che lo spessore corticale di pazienti affetti da SM è ridotto rispetto ai volontari sani e che l'estensione e la gravità dell'assottigliamento corticale sono strettamente correlati alla forma di malattia ed alla disabilità fisica e cognitiva [159–162]. In un recente lavoro di Calabrese e coll. [163] è emersa, inoltre, una significativa riduzione di spessore corticale anche nelle fasi iniziali di malattia, con una discreta correlazione tra presentazione clinica ed assottigliamento della regione corticale corrispondente. Infine, un lavoro ancor più recente di Pellicano e coll. [164] ha mostrato una significativa associazione tra i livelli di fatica misurati nei pazienti e la riduzione di spessore corticale misurata nella porzione posteriore del lobo parietale, suggerendo che la fatica possa dipendere, almeno in parte, dalla disfunzione di una regione normalmente deputata alla pianificazione motoria e alla integrazione di diverse modalità sensoriali.

Alla luce di quanto detto in questo paragrafo, è possibile ipotizzare che negli anni a venire le metodiche di RM centrate sullo studio della SG vedranno una sempre maggiore applicazione negli studi pilota e di registrazione di nuovi trattamenti per la SM. L'utilizzo di queste tecniche, infatti, consentirà di valutare non solo gli effetti antinfiammatori, ma anche e soprattutto gli effetti neuroprotettivi delle nuove terapie.

2.3.10
Tecniche RM dedicate allo studio funzionale della SG

Una mole crescente di dati suggerisce che la gravità dei sintomi/segni clinici (fisici e cognitivi) in corso di SM non dipende semplicemente dall'entità del danno tessutale, ma rappresenta piuttosto un complesso equilibrio tra danno tissutale, riparazione dei tessuti e riorganizzazione corticale. La metodica di fMRI permette di studiare i meccanismi di plasticità cerebrale che entrano in funzione successivamente al danno tessutale indotto dalla SM e che hanno il potenziale di limitare le manifestazioni cliniche della malattia [165, 166].

Sebbene gli studi di fMRI forniscano, talvolta, risultati che sono difficili da comparare e possono essere discrepanti a causa delle differenze nei criteri di selezione dei pazienti, nel paradigma di attivazione, nel disegno sperimentale e nei parametri di acquisizione di RM, essi forniscono uno strumento nuovo e interessante, che mette in luce come il cervello cambia la sua organizzazione funzionale in risposta alla malattia.

In particolare, nel caso di pazienti affetti da SM, è stato descritto sia un alterato reclutamento di regioni normalmente dedicate all'esecuzione di una determinata attività, sia il reclutamento di aree aggiuntive, che non vengono normalmente attivate in soggetti sani durante l'esecuzione di tale compito [165, 166]. Questi cambiamenti funzionali sono stati osservati a livello dei sistemi motori, visivi e cognitivi e risultano correlati all'estensione e alla gravità del danno cerebrale (misurato all'interno e all'esterno delle lesioni focali), così come al coinvolgimento di strutture specializzate del SNC, quali sono il midollo spinale e il nervo ottico [165, 166]. Le modifiche funzionali del cervello sono dinamiche e, come tali, possono variare nel tempo sia in presenza di una ricaduta di malattia, sia in condizioni di apparente stabilità clinica [165, 166].

Un maggior reclutamento delle reti cerebrali potrebbe rappresentare il primo passo nella riorganizzazione corticale con la possibilità di garantire livelli normali di funzionalità durante il decorso della SM. Il progressivo fallimento di questi meccanismi potrebbe, da un lato, provocare l'attivazione di aree di compenso supplementari o di "secondo ordine" precedentemente silenti e, dall'altro, contribuire alla genesi stessa delle manifestazioni cliniche di malattia.

Nel prossimo futuro, studi longitudinali progettati per esplorare gli effetti della riabilitazione e di agenti farmacologici sulla plasticità del cervello potrebbero contribuire a chiarire ulteriormente i meccanismi di compenso funzionale a livello corticale.

Bibliografia

1. Miller DH, Grossman RI, Reingold SC et al (1998) The role of magnetic resonance techniques in understanding and managing multiple sclerosis. Brain 121:3–24
2. McDonald WI, Compston A, Edan G et al (2001) Recommended diagnostic criteria for multiple sclerosis: guidelines from the International Panel on the diagnosis of multiple sclerosis. Ann Neurol 50:121–127
3. Polman CH, Reingold SC, Edan G et al (2005) Diagnostic criteria for multiple sclerosis: 2005 revisions to the "McDonald Criteria". Ann Neurol 58:840–846
4. Ormerod IEC, Miller DH, McDonald WI et al (1987) The role of NMR imaging in the assessment of multiple sclerosis and isolated neurological lesions: a quantitative study. Brain 110:1579–1616
5. Thorpe JW, Kidd D, Moseley IF et al (1996) Spinal MRI in patients with suspected multiple

sclerosis and negative brain MRI. Brain 119:709–714

6. Gass A, Filippi M, Rodegher ME et al (1998) Characteristics of chronic MS lesions in the cerebrum, brainstem, spinal cord, and optic nerve on T1-weighted MRI. Neurology 50:548–550

7. Triulzi F, Scotti G (1998) Differential diagnosis of multiple sclerosis: contribution of magnetic resonance techniques. J Neurol Neurosurg Psychiatry 64:S6–S14

8. Pittock SJ, Lucchinetti CF (2007) The pathology of MS: new insights and potential clinical applications. Neurologist 13:45–56

9. van Walderveen MA, Kamphorst W, Scheltens P et al (1998) Histopathologic correlate of hypointense lesions on T1-weighted spin-echo MRI in multiple sclerosis. Neurology 50:1282–1288

10. Filippi M, Paty DW, Kappos L et al (1995) Correlations between changes in disability and T2-weighted brain MRI activity in multiple sclerosis: A follow-up study. Neurology 45:255–260

11. Kappos L, Moeri D, Radue EW et al (1999) Predictive value of gadolinium-enhanced MRI for relapse rate and changes in disability/impairment in multiple sclerosis: a metanalysis. Lancet 353:964–969

12. Barkhof F (2002) The clinico-radiological paradox in multiple sclerosis revisited. Curr Opin Neurol 15:239–245

13. Kurtzke JF (1983) Rating neurologic impairment in multiple sclerosis: an expanded disability status scale (EDSS). Neurology 33:1444–1452

14. Bagnato F, Evangelou IE, Gallo A et al (2007) The effect of interferon-beta on black holes in patients with multiple sclerosis. Expert Opin Biol Ther 7:1079–1091

15. Lucchinetti C, Bruck W, Parisi J et al (2000) Heterogeneity of multiple sclerosis lesions: implications for the pathogenesis of demyelination. Ann Neurol 47:707–717

16. Minneboo A, Uitdehaag BM, Ader HJ et al (2005) Patterns of enhancing lesion evolution in multiple sclerosis are uniform within patients. Neurology 65:56–61

17. Li DK, Li MJ, Traboulsee A et al (2006) The use of MRI as an outcome measure in clinical trials. Adv Neurol 98:203–226

18. Paty DW, Li DK (1993) Interferon beta-1b is effective in relapsing-remitting multiple sclerosis. II. MRI analysis results of a multicenter, randomized, double-blind, placebo-controlled trial. UBC MS/MRI Study Group and the IFNB Multiple Sclerosis Study Group. Neurology 43:662–667

19. Simon JH, Jacobs LD, Campion M et al (1998) Magnetic resonance studies of intramuscular interferon beta-1a for relapsing multiple sclerosis. Ann Neurol 43:79–87

20. Li DK, Paty DW and the UBC MS/MRI Analysis Research Group, PRISMS Study Group (1999) Magnetic resonance imaging results of the PRISMS trial: a randomized, double-blind, placebo-controlled study of Interferon beta-1a in relapsing-remitting multiple sclerosis. Ann Neurol 46:197–206

21. Comi G, Filippi M, Wolinsky JS and the European/Canadian Glatiramer Acetate Study Group (2001) European/Canadian multicenter, double blind, randomized, placebo-controlled study of the effects of glatiramer acetate on magnetic resonance imaging–measured disease activity and burden in patients with relapsing multiple sclerosis. Ann Neurol 49:290–297

22. Polman CH, O'Connor PW, Havrdova E et al (2006) A randomized, placebo-controlled trial of natalizumab for relapsing multiple sclerosis. N Engl J Med 354:899–910

23. Jacobs LD, Beck RW, Simon JH et al (2000) Intramuscular interferon beta-1a therapy initiated during a first demyelinating event in multiple sclerosis. N Engl J Med 343:898–904

24. Comi G, Filippi M, Barkhof F et al (2001) Early Treatment of Multiple Sclerosis Study Group. Effect of early interferon treatment on conversion to definite multiple sclerosis: a randomised study. Lancet 357:1576–1582

25. Kappos L, Polman CH, Freedman MS et al (2006) Treatment with interferon beta-1b delays conversion to clinically definite and McDonald MS in patients with clinically isolated syndromes. Neurology 67:1242–1249

26. Comi G, Martinelli V, Rodegher M et al (2010) PreCISe study group. Effect of glatiramer acetate on conversion to clinically definite multiple sclerosis in patients with clinically iso-

lated syndrome (PreCISe study): a randomised, double-blind, placebo-controlled trial. Lancet 374:1503–1511

27. Hauser SL, Waubant E, Arnold DL et al (2008) B-cell depletion with rituximab in relapsing-remitting multiple sclerosis. N Engl J Med 358:676–688

28. Bakshi R, Hutton GJ, Miller JR, Radue EW (2004) The use of magnetic resonance imaging in the diagnosis and long-term management of multiple sclerosis. Neurology 63(11 Suppl 5):S3–S11

29. Barkhof F, van Waesberghe JH, Filippi M et al (2001) European Study Group on Interferon beta-1b in Secondary Progressive Multiple Sclerosis. T(1) hypointense lesions in secondary progressive multiple sclerosis: effect of interferon beta-1b treatment. Brain 124:1396–1402

30. McGowan JC (1999) The physical basis of magnetization transfer imaging. Neurology 53(5 Suppl 3):S3–S7

31. van Buchem MA, McGowan JC, Grossman RI (1999) Magnetization transfer histogram methodology: its clinical and neuropsychological correlates. Neurology 53(5 Suppl 3):S23–S28

32. Le Bihan D, Breton E, Lallemand D et al (1986) MR imaging of intravoxel incoherent motions: application to diffusion and perfusion in neurologic disorders. Radiology 161:401–407

33. Basser PJ, Mattiello J, LeBihan D (1994) Estimation of the effective self-diffusion tensor from the NMR spin-echo. J Magn Reson B 103:247–254

34. Pierpaoli C, Jezzard P, Basser PJ et al (1996) Diffusion tensor MR imaging of the human brain. Radiology 201:637–648

35. Cercignani M, Inglese M, Pagani E et al (2001) Mean diffusivity and fractional anisotropy histograms in patients with multiple sclerosis. Am J Neuroradiol 22:952–958

36. Ciccarelli O, Catani M, Johansen-Berg H et al (2008) Diffusion-based tractography in neurological disorders: concepts, applications, and future developments. Lancet Neurol 7:715–727

37. Sajja BR, Wolinsky JS, Narayana PA (2009) Proton magnetic resonance spectroscopy in multiple sclerosis. Neuroimaging Clin N Am 19:45–58

38. Arnold DL, De Stefano N, Narayanan S et al (2001) Axonal injury and disability in multiple sclerosis: magnetic resonance spectroscopy as a measure of dynamic pathological change in white matter. In: Magnetic resonance spectroscopy in multiple sclerosis. Springer, Milan, pp 61–67

39. Sarchielli P, Presciutti O, Pelliccioli GP et al (1999) Absolute quantification of brain metabolites by proton magnetic resonance spectroscopy in normal-appearing white matter of multiple sclerosis patients. Brain 122:513–521

40. Ogawa S, Menon RS, Kim SG et al (1998) On the characteristics of functional magnetic resonance imaging of the brain. Annu Rev Biophys Biomol Struct 27:447–474

41. Geurts JJ, Barkhof F (2008) Grey matter pathology in multiple sclerosis. Lancet Neurol 7:841–851

42. Pirko I, Lucchinetti CF, Sriram S et al (2007) Gray matter involvement in multiple sclerosis. Neurology 68:634–642

43. Nakamura K, Fisher E (2009) Segmentation of brain magnetic resonance images for measurement of gray matter atrophy in multiple sclerosis patients. Neuroimage 44:769–776

44. Fischl B, Dale AM (2000) Measuring the thickness of the human cerebral cortex from magnetic resonance images. PNAS 97:11050–11955

45. Ashburner J, Friston KJ (2000) Voxel-based morphometry – the methods. Neuroimage 11:805–821

46. Wattjes MP, Lutterbey GG, Gieseke J et al (2007) Double inversion recovery brain imaging at 3T: diagnostic value in the detection of multiple sclerosis lesions. Am J Neuroradiol 28:54–59

47. Geurts JJ, Blezer EL, Vrenken H et al (2008) Does high-field MR imaging improve cortical lesion detection in multiple sclerosis? J Neurol 255:183–191

48. Mainero C, Benner T, Radding A et al (2009) In vivo imaging of cortical pathology in multiple sclerosis using ultra-high field MRI. Neurology 73:941–948

49. Schmierer K, Parkes HG, So PW et al (2010) High field (9.4 Tesla) magnetic resonance imaging of cortical grey matter lesions in multiple sclerosis. Brain 133:858–867

2

50. Nelson F, Poonawalla A, Hou P et al (2008) 3D MPRAGE improves classification of cortical lesions in multiple sclerosis. Mult Scler 14:1214–1219

51. Tubridy N, Barker GJ, MacManus DG (1998) Three-dimensional fast fluid attenuated inversion recovery (3D fast FLAIR): a new MRI sequence which increases the detectable cerebral lesion load in multiple sclerosis. Br J Radiol 71:840–845

52. Lazeron RH, Langdon DW, Filippi M et al (2000) Neuropsychological impairment in multiple sclerosis patients: the role of (juxta)cortical lesion on FLAIR. Mult Scler 6:280–285

53. Bakshi R, Ariyaratana S, Benedict RH et al (2001) Fluid-attenuated inversion recovery magnetic resonance imaging detects cortical and juxtacortical multiple sclerosis lesions. Arch Neurol 58:742–748

54. Geurts JJ, Pouwels PJ, Uitdehaag BM et al (2005) Intracortical lesions in multiple sclerosis: improved detection with 3D double inversion-recovery MR imaging. Radiology 236:254–260

55. Calabrese M, De Stefano N, Atzori M et al (2007) Detection of cortical inflammatory lesions by double inversion recovery magnetic resonance imaging in patients with multiple sclerosis. Arch Neurol 64:1416–1422

56. Bagnato F, Butman JA, Gupta S et al (2006) In vivo detection of cortical plaques by MR imaging in patients with multiple sclerosis. Am J Neuroradiol 27:2161–2167

57. Ashburner J, Friston KJ (2000) Voxel-based morphometry – the methods. Neuroimage 11:805–821

58. Dale AM, Fischl B, Sereno MI (1999) Cortical surface-based analysis. I. Segmentation and surface reconstruction. Neuroimage 9:179–194

59. Dale AM, Fischl B, Sereno MI (1999) Cortical surface-based analysis. II: Inflation, flattening, and a surface-based coordinate system. Neuroimage 9:195–207

60. Fischl B, Dale AM (2000) Measuring the thickness of the human cerebral cortex from magnetic resonance images. PNAS 97:11050–11055

61. Fischl B, van der Kouwe A, Destrieux C et al (2004) Automatically parcellating the human cerebral cortex. Cereb Cortex 14:11–22

62. Desikan RS, Ségonne F, Fischl B et al (2006) An automated labeling system for subdividing the human cerebral cortex on MRI scans into gyral based regions of interest. Neuroimage 31:968–980

63. Fischl B, Salat DH, Busa E et al (2002) Whole brain segmentation: automated labeling of neuroanatomical structures in the human brain. Neuron 33:341–355

64. Van Waesberghe JH, Kamphorst W, DeGroot CJ et al (1999) Axonal loss in multiple sclerosis lesions: magnetic resonance imaging insights into substrates of disability. Ann Neurol 46:747–754

65. Kimura H, Grossman RI, Lenkinski RE et al (1996) Proton MR spectroscopy and magnetization transfer ratio in multiple sclerosis: correlative findings of active versus irreversible plaque disease. Am J Neuroradiol 17:1539–1547

66. Loevner LA, Grossman RI, McGowan JC et al (1995) Characterization of multiple sclerosis plaques with T1-weighted MR and quantitative magnetization transfer. Am J Neuroradiol 16:1473–1479

67. Dousset V, Gayou A, Brochet B et al (1998) Early structural changes in acute MS lesions assessed by serial magnetization transfer studies. Neurology 51:1150–1155

68. Filippi M, Rocca MA, Martino G et al (1998) Magnetization transfer changes in the normal appearing white matter precede the appearance of enhancing lesions in patients with multiple sclerosis. Ann Neurol 43:809–814

69. Goodkin DE, Rooney WD, Sloan R et al (1998) A serial study of new MS lesions and the white matter from which they arise. Neurology 51:1689–1697

70. Rocca MA, Mastronardo G, Rodegher M et al (1999) Long-term changes of magnetization transfer-derived measures from patients with relapsing-remitting and secondary progressive multiple sclerosis. Am J Neuroradiol 20:821

71. Werring DJ, Clark CA, Barker GJ et al (1999) Diffusion tensor imaging of lesions and normal-appearing white matter in multiple sclerosis. Neurology 52:1626–1632

72. Davie CA, Hawkins CP, Barker GJ et al (1994) Serial proton magnetic resonance spec-

troscopy in acute multiple sclerosis lesions. Brain 117:49–58

73. Narayana PA, Doyle TJ, Lai D et al (1998) Serial proton resonance spectroscopic imaging, contrast-enhanced magnetic resonance imaging, and quantitative lesion volumetry in multiple sclerosis. Ann Neurol 43:56–71

74. De Stefano N, Matthews PM, Antel JP et al (1996) Chemical pathology of acute demyelinating lesions and its correlation with disability. Ann Neurol 38:901–909

75. De Stefano N, Matthews PM, Arnold DL (1995) Reversible decreases in N-acetylaspartate after acute brain injury. Magn Reson Med 34:721–727

76. Fu L, Matthews PM, De Stefano N et al (1998) Imaging axonal damage of normal-appearing white matter in multiple sclerosis. Brain 121:159–166

77. Arnold DL, Matthews PM, Francis GS et al (1992) Proton magnetic resonance spectroscopic imaging for metabolic characterization of demyelinating plaques. Ann Neurol 31:235–241

78. Falini A, Calabrese G, Filippi M et al (1998) Benign versus secondary-progressive multiple sclerosis: the potential role of proton MR spectroscopy in defining the nature of disability. Am J Neuroradiol 19:223–229

79. Trapp BD, Peterson J, Ransohoff RM et al (1998) Axonal transection in the lesions of multiple sclerosis. New Engl J Med 338:278–285

80. Allen IV, McKeown SR (1979) A histological, histochemical and biochemical study of the macroscopically normal white matter in multiple sclerosis. J Neurol Sci 41:81–91

81. Filippi M, Campi A, Dousset V et al (1995) A magnetization transfer imaging study of normal appearing white matter in multiple sclerosis. Neurology 45:478–482

82. Pike GB, De Stefano N, Narayanan S et al (2000) Multiple sclerosis: magnetization transfer MR imaging of white matter before lesion appearance on T2-weighted images. Radiology 215:824–830

83. Filippi M, Iannucci G, Tortorella C et al (1999) Comparison of MS clinical phenotypes using conventional and magnetization transfer MRI. Neurology 52:588–594

84. Rovaris M, Bozzali M, Santuccio G et al (2000) Relative contribution of brain and spine pathology to multiple sclerosis disability: a study with magnetisation transfer ratio analysis. J Neurol, Neurosurg Psychiatry 69:723–727

85. Iannucci G, Tortorella C, Rovaris M et al (2000) Prognostic value of MR and MTI findings at presentation in patients with clinically isolated syndromes suggestive of MS. Am J Neuroradiol 21:1034–1038

86. Kaiser JS, Grossman RI, Polansky M et al (2000) Magnetization transfer histogram analysis of monosymptomatic episodes of neurologic dysfunction: preliminary findings. Am J Neuroradiol 21:1043–1047

87. Traboulsee A, Dehmeshki J, Brex PA et al (2002) Normal-appearing brain tissue MTR histograms in clinically isolated syndromes suggestive of MS. Neurology 59:126–128

88. Gallo A, Rovaris M, Benedetti B et al (2007) A brain magnetization transfer MRI study with a clinical follow-up of about four years in patients with clinically isolated syndromes suggestive of multiple sclerosis. J Neurol 254:78–83

89. Fernando KT, Tozer DJ, Miszkiel KA et al (2005) Magnetization transfer histograms in clinically isolated syndromes suggestive of multiple sclerosis. Brain 128:2911–2925

90. van Buchem MA, Grossman RI, Armstrong C et al (1998) Correlation of volumetric magnetization transfer imaging clinical data in MS. Neurology 50:1609–1617

91. Iannucci G, Minicucci L, Rodegher M et al (1999) Correlations between clinical and MRI involvement in multiple sclerosis: assessment using T(1), T(2) and MT histograms. J Neurol Sci 171:121–129

92. Cercignani M, Bozzali M, Iannucci G et al (2001) Magnetization transfer ratio and mean diffusivity of normal appearing white and grey matter from patients with multiple sclerosis. J Neurol Neurosurg Psychiatry 70:311–317

93. Ciccarelli O, Werring DJ, Wheeler-Kingshott CA et al (2001) Investigation of MS normal appearing brain using diffusion tensor MRI with clinical correlations. Neurology 56:926–933

94. Caramia F, Pantano P, Di Legge S et al (2002) A longitudinal study of MR diffusion changes in normal appearing white matter of patients with early multiple sclerosis. Magn Res Imag 20:383–388

2

95. Gallo A, Rovaris M, Riva R et al (2005) Diffusion-tensor magnetic resonance imaging detects normal-appearing white matter damage unrelated to short-term disease activity in patients at the earliest clinical stage of multiple sclerosis. Arch Neurol 62:803–808

96. Arnold DL, Matthews PM, Francis G et al (1990) Proton magnetic resonance spectroscopy of human brain in vivo in the evaluation of multiple sclerosis: assessment of the load of disease. Magn Reson Med14:154–159

97. Fu L, Matthews PM, De Stefano N et al (1998) Imaging axonal damage of normal appearing white matter in multiple sclerosis. Brain 121:103–113

98. De Stefano N, Matthews PM, Fu L et al (1998) Axonal damage correlates with disability in patients with relapsing remitting multiple sclerosis: results of a longitudinal MR spectroscopy study. Brain 121:1469–1477

99. Rocca MA, Cercignani M, Iannucci G et al (2000) Weekly diffusion-weighted imaging of normal-appearing white matter in MS. Neurology 55:882–884

100. Brenner RE, Munro PMG, Williams SCR et al (1993) Abnormal neuronal mitochondria: a cause of reduction in NA in demyelinating disease. Proc SMRM:281

101. De Stefano N, Narayanan S, Francis GS et al (2001) Evidence of axonal damage in the early stages of MS and its relevance to disability. Arch Neurol 58:65–70

102. Fernando KT, McLean MA, Chard DT et al (2004) Elevated white matter myo-inositol in clinically isolated syndromes suggestive of multiple sclerosis. Brain 127:1361–1369

103. Wattjes MP, Harzheim M, Lutterbey GG et al (2008) Prognostic value of high-field proton magnetic resonance spectroscopy in patients presenting with clinically isolated syndromes suggestive of multiple sclerosis. Neuroradiology 50:123–129

104. Fisniku LK, Altmann DR, Cercignani M et al (2009) Magnetization transfer ratio abnormalities reflect clinically relevant grey matter damage in multiple sclerosis. Mult Scler 15:668–677

105. Sharma J, Zivadinov R, Jaisani Z et al (2006) A magnetization transfer MRI study of deep gray matter involvement in multiple sclerosis. J Neuroimaging 16:302–310

106. Amato MP, Portaccio E, Stromillo ML et al (2008) Cognitive assessment and quantitative magnetic resonance metrics can help to identify benign multiple sclerosis. Neurology 71:632–638

107. Penny S, Khaleeli Z, Cipolotti L et al (2010) Early imaging predicts later cognitive impairment in primary progressive multiple sclerosis. Neurology 74:545–552

108. Khaleeli Z, Altmann DR, Cercignani M et al (2008) Magnetization transfer ratio in gray matter: a potential surrogate marker for progression in early primary progressive multiple sclerosis. Arch Neurol 65:1454–1459

109. Penny S, Khaleeli Z, Cipolotti L et al (2010) Early imaging predicts later cognitive impairment in primary progressive multiple sclerosis. Neurology 74:545–552

110. Agosta F, Rovaris M, Pagani E et al (2006) Magnetization transfer MRI metrics predict the accumulation of disability 8 years later in patients with multiple sclerosis. Brain 129:2620–2627

111. Bozzali M, Cercignani M, Sormani MP et al (2002) Quantification of brain gray matter damage in different MS phenotypes by use of diffusion tensor MR imaging. Am J Neuroradiol 23:985–988

112. Rovaris M, Bozzali M, Iannucci G et al (2002) Assessment of normal-appearing white and gray matter in patients with primary progressive multiple sclerosis: a diffusion-tensor magnetic resonance imaging study. Arch Neurol 59:1406–1412

113. Fabiano AJ, Sharma J, Weinstock-Guttman B et al (2003) Thalamic involvement in multiple sclerosis: a diffusion-weighted magnetic resonance imaging study. J Neuroimag 13:307–314

114. Hasan KM, Halphen C, Kamali A et al (2009) Caudate nuclei volume, diffusion tensor metrics, and T(2) relaxation in healthy adults and relapsing-remitting multiple sclerosis patients: implications for understanding gray matter degeneration. J Magn Reson Imaging 29:70–77

115. Oreja-Guevara C, Rovaris M, Iannucci G et al (2005) Progressive grey matter damage in patients with relapsing-remitting MS: a longitudinal diffusion tensor MRI study. Arch Neurol 62:578–584

116. Rovaris M, Gallo A, Valsasina P et al (2005) Short-term accrual of gray matter pathology in patients with progressive multiple sclerosis: an in vivo study using diffusion tensor MRI. Neuroimage 24:1139–1146

117. Rovaris M, Judica E, Gallo A et al (2006) Grey matter damage predicts the evolution of primary progressive multiple sclerosis at 5 years. Brain 129:2628–2634

118. Rovaris M, Iannucci G, Falautano M et al (2002) Cognitive dysfunction in patients with mildly disabling relapsing-remitting multiple sclerosis: an exploratory study with diffusion tensor MR imaging. J Neurol Sci 195:103–109

119. Benedict RH, Bruce J, Dwyer MG et al (2007) Diffusion-weighted imaging predicts cognitive impairment in multiple sclerosis. Mult Scler 13:722–730

120. Kapeller P, McLean MA, Griffin CM et al (2001) Preliminary evidence for neuronal damage in cortical grey matter and normal appearing white matter in short duration relapsing-remitting multiple sclerosis: a quantitative MR spectroscopic imaging study. J Neurol 248:131–138

121. Sarchielli P, Presciutti O, Tarducci R et al (2002) Localized ^{1}H magnetic resonance spectroscopy in mainly cortical gray matter of patients with multiple sclerosis. J Neurol 249:902–910

122. Chard DT, Griffin CM, McLean MA et al (2002) Brain metabolite changes in cortical grey and normal-appearing white matter in clinically early relapsing-remitting multiple sclerosis. Brain 125:2342–2352

123. Sharma R, Narayana PA, Wolinsky JS (2001) Grey matter abnormalities in multiple sclerosis: proton magnetic resonance spectroscopic imaging. Mult Scler 7:221–226

124. Cifelli A, Arridge M, Jezzard P et al (2002) Thalamic neurodegeneration in multiple sclerosis. Ann Neurol 52:650–653

125. Gonen O, Viswanathan AK, Catalaa I et al (1998) Total brain N-acetylaspartate concentration in normal, age-grouped females: quantitation with non-echo proton NMR spectroscopy. Magn Reson Med 40:684–689

126. Gonen O, Catalaa I, Babb JS et al (2000) Total brain N-acetylaspartate: a new measure of disease load in MS. Neurology 54:15–19

127. Pulizzi A, Rovaris M, Judica E et al (2007) Determinants of disability in multiple sclerosis at various disease stages: a multiparametric magnetic resonance study. Arch Neurol 64:1163–1168

128. Benedetti B, Rovaris M, Rocca MA et al (2009) In-vivo evidence for stable neuroaxonal damage in the brain of patients with benign multiple sclerosis. Mult Scler 15:789–794

129. Rovaris M, Gallo A, Falini A et al (2005) Axonal injury and overall tissue loss are not related in primary progressive multiple sclerosis. Arch Neurol 62:898–902

130. Calabrese M, De Stefano N, Atzori M et al (2007) Detection of cortical inflammatory lesions by double inversion recovery magnetic resonance imaging in patients with multiple sclerosis. Arch Neurol 64:1416–1422

131. Calabrese M, Filippi M, Rovaris M et al (2009) Evidence for relative cortical sparing in benign multiple sclerosis: a longitudinal magnetic resonance imaging study. Mult Scler 15:36–41

132. Roosendaal SD, Moraal B, Pouwels PJ et al (2009) Accumulation of cortical lesions in MS: relation with cognitive impairment. Mult Scler 15:708–714

133. Calabrese M, Agosta F, Rinaldi F et al (2009) Cortical lesions and atrophy associated with cognitive impairment in relapsing-remitting multiple sclerosis. Arch Neurol 66:1144–1150

134. Calabrese M, Rocca MA, Atzori M et al (2009) Cortical lesions in primary progressive multiple sclerosis: a 2-year longitudinal MR study. Neurology 72:1330–1336

135. Calabrese M, Rocca MA, Atzori M et al (2010) A 3-year magnetic resonance imaging study of cortical lesions in relapse-onset multiple sclerosis. Ann Neurol 67:376–383

136. De Stefano N, Matthews PM, Filippi M et al (2003) Evidence of early cortical atrophy in MS: relevance to white matter changes and disability. Neurology 60:1157–1162

137. Sanfilipo MP, Benedict RH, Sharma J et al (2005) The relationship between whole brain volume and disability in multiple sclerosis: a comparison of normalized gray vs. white matter with misclassification correction. Neuroimage 26:1068–1077

138. Zivadinov R, Leist TP (2005) Clinical-magnetic resonance imaging correlations in multiple sclerosis. J Neuroimaging 15(4 Suppl):10S–21S

139. Tedeschi G, Lavorgna L, Russo P et al (2005) Brain atrophy and lesion load in a large population of patients with multiple sclerosis. Neurology 65:280–285

140. Valsasina P, Benedetti B, Rovaris M et al (2005) Evidence for progressive gray matter loss in

patients with relapsing-remitting MS. Neurology 65:1126–1128

141. Sastre-Garriga J, Ingle GT, Chard DT et al (2005) Grey and white matter volume changes in early primary progressive multiple sclerosis: a longitudinal study. Brain 128:1454–1460

142. Amato MP, Bartolozzi ML, Zipoli V et al (2004) Neocortical volume decrease in relapsing-remitting MS patients with mild cognitive impairment. Neurology 63:89–93

143. Amato MP, Portaccio E, Goretti B et al (2007) Association of neocortical volume changes with cognitive deterioration in relapsing-remitting multiple sclerosis. Arch Neurol 64:1157–1161

144. Sanfilipo MP, Benedict RH, Weinstock-Guttman B et al (2006) Gray and white matter brain atrophy and neuropsychological impairment in multiple sclerosis. Neurology 66:685–692

145. Bermel RA, Bakshi R, Tjoa C et al (2002) Bicaudate ratio as a magnetic resonance imaging marker of brain atrophy in multiple sclerosis. Arch Neurol 59:275–280

146. Houtchens MK, Benedict RH, Killiany R et al (2007) Thalamic atrophy and cognition in multiple sclerosis. Neurology 69:1213–1223

147. Sicotte NL, Kern KC, Giesser BS et al (2008) Regional hippocampal atrophy in multiple sclerosis. Brain 131:1134–1141

148. Tedeschi G, Dinacci D, Lavorgna L et al (2007) Correlation between fatigue and brain atrophy and lesion load in multiple sclerosis patients independent of disability. J Neurol Sci 263:15–19

149. Bakshi R, Czarnecki D, Shaikh ZA et al (2000) Brain MRI lesions and atrophy are related to depression in multiple sclerosis. Neuroreport 11:1153–1158

150. Zorzon M, Zivadinov R, Nasuelli D et al (2002) Depressive symptoms and MRI changes in multiple sclerosis. Eur J Neurol 9:491–496

151. Feinstein A, Roy P, Lobaugh N et al (2004) Structural brain abnormalities in multiple sclerosis patients with major depression. Neurology 62:586–590

152. Prinster A, Quarantelli M, Orefice G et al (2006) Grey matter loss in relapsing-remitting multiple sclerosis: a voxel-based morphometry study. Neuroimage 29:859–867

153. Ceccarelli A, Rocca MA, Pagani E et al (2008) A voxel-based morphometry study of grey matter loss in MS patients with different clinical phenotypes. Neuroimage 42:315–322

154. Morgen K, Sammer G, Courtney SM et al (2006) Evidence for a direct association between cortical atrophy and cognitive impairment in relapsing-remitting MS. Neuroimage 30:891–898

155. Henry RG, Shieh M, Okuda DT et al (2008) Regional grey matter atrophy in clinically isolated syndromes at presentation. J Neurol Neurosurg Psychiatry 79:1236–1244

156. Prinster A, Quarantelli M, Lanzillo R et al (2010) A voxel-based morphometry study of disease severity correlates in relapsing-remitting multiple sclerosis. Mult Scler 16:45–54

157. Sepulcre J, Masdeu JC, Goñi J et al (2009) Fatigue in multiple sclerosis is associated with the disruption of frontal and parietal pathways. Mult Scler 15:337–344

158. Andreasen AK, Jakobsen J, Soerensen L et al (2010) Regional brain atrophy in primary fatigued patients with multiple sclerosis. J Neuroimage 50:608–615

159. Chen JT, Narayanan S, Collins DL et al (2004) Relating neocortical pathology to disability progression in multiple sclerosis using MRI. Neuroimage 23:1168–1175

160. Charil A, Dagher A, Lerch JP et al (2007) Focal cortical atrophy in multiple sclerosis: relation to lesion load and disability. Neuroimage 34:509–517

161. Ramasamy DP, Benedict RH, Cox JL et al (2009) Extent of cerebellum, subcortical and cortical atrophy in patients with MS: a case-control study. J Neurol Sci 282:47–54

162. Calabrese M, Rinaldi F, Mattisi I et al (2010) Widespread cortical thinning characterizes patients with MS with mild cognitive impairment. Neurology 74:321–328

163. Calabrese M, Atzori M, Bernardi V et al (2007) Cortical atrophy is relevant in multiple sclerosis at clinical onset. J Neurol 254:1212–1220

164. Pellicano C, Gallo A, Li X et al (2010) Relationship of cortical atrophy to fatigue in patients with multiple sclerosis. Arch Neurol 67:447–453

165. Filippi M, Rocca MA (2009) Functional MR imaging in multiple sclerosis. Neuroimaging Clin N Am 19:59–70

166. Genova HM, Sumowski JF, Chiaravalloti N et al (2009) Cognition in multiple sclerosis: a review of neuropsychological and fMRI research. Front Biosci 14:1730–1744

La terapia della sclerosi multipla

3

3.1
La terapia della sclerosi multipla

Simona Bonavita, Alessandro d'Ambrosio, Gioacchino Tedeschi

Allo stato attuale non esiste alcuna terapia in grado di guarire la sclerosi multipla (SM), ma le terapie a nostra disposizione permettono, a seconda della fase della malattia e del suo decorso, di trattare efficacemente l'episodio acuto, ridurre la frequenza delle ricadute e, parzialmente, la disabilità e di migliorare alcuni sintomi. Globalmente, pertanto, siamo in grado di modificare il decorso della malattia.

Sostanzialmente possiamo distinguere tre tipi di trattamento: terapia della ricaduta, terapia "modificante il decorso della malattia", e terapia "sintomatica". In aggiunta alle terapie farmacologiche, la riabilitazione si pone l'obiettivo di preservare l'autonomia del paziente il più a lungo possibile, ritardare l'evoluzione dei sintomi e prevenire le complicanze.

3.1.1
Terapia della ricaduta

Recenti linee guida della *European Federation of Neurological Societies* raccomandano, come terapia di prima linea della ricaduta, la somministrazione endovenosa od orale di almeno 500-1000 mg/die di metilprednisolone (MP) per 5 giorni. V'è anche un certo orientamento per la somministrazione di 1000 mg di MP per via endovenosa per 3 giorni seguita o meno da terapia cortisonica orale con prednisone a dosaggio decrescente. Alcuni pazienti refrattari al trattamento con MP possono essere trattati con plasmaferesi [1, 2].

I disturbi neuropsichiatrici nella sclerosi multipla. Ugo Nocentini, Carlo Caltagirone, Gioacchino Tedeschi (a cura di) © Springer-Verlag Italia 2011

3

3.1.2
Terapia modificante il decorso di malattia

Questo tipo di terapia mira essenzialmente a prevenire o ridurre il numero di ricadute, a ridurne la gravità e a rallentare la progressione della malattia. Si basa su farmaci immunomodulanti e farmaci immunosoppressori.

3.1.2.1
Farmaci immunomodulanti

Interferone β (IFNβ)

Questo farmaco ad azione immunomodulante si è dimostrato efficace nel trattamento delle forme recidivanti-remittenti di SM; più controversa è l'efficacia nelle forme secondariamente progressive [3, 4]. L'inizio precoce della terapia con IFNβ riduce la frequenza delle ricadute, la severità della malattia, lo sviluppo di nuove lesioni e può ritardare la progressione della disabilità. Tre formulazioni di IFNβ sono state approvate per la prevenzione delle ricadute: IFNβ-1a per via intramuscolare, IFNβ-1a per via sottocutanea e IFNβ-1b per via sottocutanea. Questi farmaci sono stati utilizzati con successo negli ultimi quindici anni sia in pazienti con diagnosi conclamata di SM che in pazienti con sindrome clinicamente isolata (CIS). Tuttavia il preciso meccanismo attraverso il quale il farmaco raggiunge i suoi effetti terapeutici non è del tutto chiaro. I meccanismi noti includono: la regolazione dell'attivazione dei linfociti-T e della proliferazione di cellule del sistema immunitario, l'apoptosi di cellule-T autoreattive, l'antagonismo verso l'IFNγ, l'induzione di citochine antinfiammatorie, l'inibizione del passaggio di cellule immunitarie attraverso la barriera emato-encefalica, e la possibile attività antivirale.

Effetti collaterali molto frequenti sono i sintomi simil-influenzali (febbre, brividi, dolori articolari, malessere generale, mal di testa e mialgia) e reazioni a livello del punto di iniezione.

Gli interferoni possono indurre la produzione di anticorpi verso la tireoglobulina e la perossidasi tiroidea a cui non si associano disfunzioni significative della tiroide; raramente, può instaurarsi una tiroidite su base autoimmune dalle conseguenze variabili [5–7]; in corso di terapia con interferoni si può verificare innalzamento degli enzimi epatici, a volte fino a valori elevati che richiedono la sospensione della terapia, in genere con normalizzazione dei valori [7]; anche se raramente, è stata segnalata la possibilità di compromissione epatica letale [8]. Si possono verificare riduzioni, per lo più lievi, delle tre serie di cellule ematiche: la riduzione dei globuli bianchi è quella che si incontra più frequentemente.

Sulla base di tali dati è consigliabile, durante la terapia con IFN, il monitoraggio della funzionalità tiroidea, epatica e dell'emocromo con frequenza variabile in base alle diverse epoche di trattamento.

Un argomento molto controverso è il possibile effetto degli IFN sul tono dell'umore, soprattutto la possibilità che tali farmaci possano provocare episodi di depressione maggiore con aumentato rischio di suicidio. Tale tema verrà trattato nel capitolo sulla depressione.

In termini di efficacia, i trial clinici hanno dimostrato un effetto positivo sulla malattia con riduzione del tasso di recidive di circa il 30% e una riduzione dell'attività di malattia in Risonanza Magnetica Nucleare (RMN) variabile tra il 50 e il 75% a seconda degli studi [9].

I pazienti con CIS che hanno lesioni clinicamente silenti alla RMN hanno una maggiore probabilità di sviluppare una nuova ricaduta clinica (40-45%) e nuove lesioni in RMN (90%) entro i due anni successivi all'esordio dei sintomi. Gli studi sui tre tipi di IFNβ nei pazienti con CIS hanno riportato una riduzione del rischio di sviluppare nuove lesioni in RMN clinicamente silenti, un prolungamento dell'intervallo di tempo tra l'esordio e la seconda ricaduta clinica e una riduzione nella progressione della disabilità [10–13].

Nei pazienti con forme secondariamente progressive (SP), l'IFNβ nelle diverse formulazioni sembrerebbe avere una modesta efficacia soltanto nei pazienti che presentano ricadute cliniche [14, 15].

Il 5-25% dei pazienti trattati con IFNβ sviluppa anticorpi neutralizzanti (NABs) anti IFNβ che riducono in modo significativo l'efficacia della terapia. In genere i NABs compaiono entro 6-18 mesi di trattamento; pertanto, è raccomandato un dosaggio a 12 e 24 mesi di terapia e in caso di mancata risposta alla terapia. In pazienti con alto titolo di NABs persistente in più dosaggi, la terapia deve essere interrotta per passare ad altro farmaco modificante il decorso di malattia [16].

Glatiramer acetato

Il primo non interferone approvato dalla Food and Drug Administration per il trattamento dei pazienti con SM recidivante-remittente è stato il Glatiramer acetato (GA, Copaxone®, precedentemente conosciuto con il nome di Copolimero 1). Nel corso degli anni sono stati attribuiti al GA numerosi meccanismi d'azione sia nella SM che nel suo modello animale, l'encefalomielite autoimmune sperimentale (EAE). La proliferazione di cellule suppressor, l'induzione di tolleranza, l'espansione della popolazione delle cellule T regolatorie e alterazioni delle cellule presentanti l'antigene, sono tutti meccanismi chiamati in causa per giustificare l'effetto immunomodulante del GA. Il pivotal trial sulle forme RR di malattia ha mostrato una riduzione del tasso di recidiva di circa il 30% e una significativa riduzione dell'attività di malattia in RMN [17]. Anche nelle CIS, il GA si è dimostrato efficace nel ritardare la conversione a SM definita [18]. Studi di confronto diretto tra GA ed IFNβ-1a e IFNβ-1b hanno dimostrato un'efficacia sovrapponibile nei diversi parametri valutati nei differenti studi [19, 20].

In tutti gli studi clinici le reazioni avverse più frequenti sono quelle nella sede dell'iniezione, segnalate dalla maggior parte dei pazienti trattati. È stata, inoltre, descritta una reazione immediata dopo l'iniezione caratterizzata da almeno uno o più dei seguenti sintomi: vasodilatazione, dolore toracico, dispnea, palpitazione o tachicardia [21].

3

Anticorpi monoclonali

Sono un gruppo di farmaci altamente selettivi il cui target specifico è rappresentato da molecole espresse sulla superficie cellulare. Nella terapia della SM sono attualmente oggetto di studio diversi anticorpi monoclonali (Rituximab, Alemtuzumab, Daclizumab, Ocrelizumab). Il Natalizumab ha ottenuto l'autorizzazione per l'immissione in commercio. Questo anticorpo monoclonale è un inibitore selettivo di una molecola d'adesione e si lega alla subunità α4 delle integrine umane, espressa in misura elevata sulla superficie di tutti i leucociti, ad eccezione dei neutrofili. Il suo effetto terapeutico si esplica sostanzialmente prevenendo l'adesione dei leucociti attivati all'endotelio, inibendo, così, la migrazione di cellule infiammatorie nel sistema nervoso centrale. Questo anticorpo monoclonale è indicato come monoterapia in pazienti con SM recidivante-remittente; il trattamento è ristretto o ai pazienti in cui un ciclo terapeutico completo e adeguato con IFNβ ha fallito o ai pazienti con SM recidivante-remittente ad alta frequenza di ricadute e a rapido accumulo di disabilità. Il pivotal trial AFFIRM ha mostrato che il Natalizumab in monoterapia riduce il tasso di recidive annuale di circa il 70%, la progressione di disabilità di circa il 42-54% e l'attività in RMN (misurata come riduzione di lesioni gadolinio-positive) di più del 90% [22]. Con l'uso del Natalizumab è stato segnalato un aumentato rischio di infezioni opportunistiche e soprattutto dello sviluppo di leucoencefalopatia multifocale progressiva (PML); in particolare, il rischio di PML aumenterebbe in maniera significativa dopo i due anni di trattamento [23].

Anche il Natalizumab può indurre una risposta immunitaria con formazione persistente di NABs (6%) anti-natalizumab; è raccomandato un dosaggio a 6 e 12 mesi di terapia, o prima, nei casi di eventi avversi correlati all'infusione o di mancata risposta terapeutica [24].

3.1.2.2
Farmaci immunosoppressori

Diverse evidenze suggeriscono che, nei pazienti con SM, un intervento precoce e aggressivo può migliorare l'evoluzione della malattia sia a breve che a lungo termine. I farmaci citotossici possono offrire numerosi vantaggi, soprattutto quando usati come terapia di induzione o come terapia da affiancare agli immunomodulatori. L'immunosoppressione è il meccanismo d'azione comune a tutti i farmaci citotossici. Attualmente negli Stati Uniti il Mitoxantrone è il solo farmaco citotossico approvato per il trattamento della SM. Altri farmaci sono stati utilizzati in misura limitata o sono in fase di sperimentazione.

Mitoxantrone

È un antineoplastico in grado di legarsi al DNA producendo rottura dei filamenti e inibizione della biosintesi di DNA ed RNA e agisce inibendo l'attività dei linfociti T, dei linfociti B e la proliferazione dei macrofagi. È indicato nei pazienti con forme RR a elevata frequenza di ricadute e un rapido accumulo di disabilità e in pazienti con SMSP con segni di attività infiammatoria (ricadute cliniche, risposta al cortisone, impregnazione delle lesioni con gadolinio) [25]. Studi clinici controllati hanno dimostrato un'efficacia nel ridurre il tasso di recidive annuale di circa il 60-70%, la progressione di disabilità e l'attività di malattia alla RM [26]. L'uso del mitoxantrone può causare seri effetti collaterali, in particolare cardiotossicità, mielosoppressione e raramente leucemia. Per il potenziale effetto cardiotossico, la dose massima cumulativa è ristretta a 120-140mg/m^2 di superficie corporea ed è consigliabile effettuare esami ecocardiografici prima e durante il trattamento.

Azatioprina

Questo farmaco è stato utilizzato frequentemente per il trattamento dei pazienti con SM fino alla metà degli anni '90 del secolo scorso; prima, cioè, dell'introduzione degli interferoni. Alla luce del basso costo e di dati circa una significativa capacità di ridurre il numero di recidive e la progressione della disabilità, recentemente sono stati rivalutati sia la sua efficacia che i rischi sulla base della metodologia Cochrane [27].

Ciclofosfamide

Si tratta di un agente alchilante antineoplastico e citostatico appartenente al gruppo delle mostarde azotate. Questo farmaco esplica degli effetti selettivi nella risposta immune, quali la soppressione dell'attività dei linfociti T CD4+ di tipo Th1 (che mediano una risposta pro-infiammatoria) e l'incremento della risposta dei linfociti T CD4+ di tipo Th2 (che mediano una risposta anti-infiammatoria); entrambi questi meccanismi d'azione sono implicati nell'effetto benefico della ciclofosfamide nella SM. Gli effetti tossici di tale farmaco, in particolare a livello vescicale, e il rischio di neoplasie ne ostacolano il largo impiego.

È generalmente indicata nella forma recidivante-remittente, caratterizzata da ricadute ravvicinate con rapido accumulo di disabilità, o nei primi anni della forma secondariamente progressiva, nei casi che non rispondono a terapie con IFNβ e con glatiramer acetato.

Metotrexate

È un antitumorale antimetabolita molto potente, antagonista strutturalmente completo dell'acido folico, che agisce inibendo la diidrofolato reduttasi umana, enzima che interviene nella sintesi di macromolecole essenziali alla vita cellulare, quali DNA e RNA. Per quanto concerne la sua applicazione alla SM, il metotrexate potrebbe, teoricamente, espletare un effetto benefico sulla frequenza delle ricadute e nel ritardare la progressione della malattia. Tuttavia, prima di trarre ulteriori conclusioni sull'efficacia del metotrexate per via orale nella SM, sono necessari altri studi sia nel gruppo recidivante-remittente, che in quello progressivo.

3

3.1.2.3
Nuove terapie orali

L'introduzione di nuovi farmaci assunti per via orale mira non solo a eliminare la terapia iniettiva, poco tollerata dai pazienti nel lungo termine, ma anche a dare un'alternativa più efficace, in termini di riduzione di frequenza annuale di ricadute e di carico lesionale, rispetto ai farmaci correntemente in uso.

Cinque farmaci orali sono stati valutati in trial clinici in fase II/III. Il fingolimod, un nuovo immunosoppressore, riduce significativamente la frequenza di ricadute. Il laquinimod, un immunomodulatore, alla dose massima testata (0.6 mg/dl) riduce il numero totale di lesioni attive ed è in fase II di sperimentazione. La cladribina, un altro immunomodulatore, induce una riduzione della frequenza annuale di ricadute >50% e delle lesioni positive al gadolinio >70% a entrambi i dosaggi sperimentati in fase III. Il fumarato orale, con le sue proprietà immunomodulatorie e antiossidanti, riduce il numero di lesioni ed è in fase II di sperimentazione. Infine, la teriflunomide, un immunomodulatore in fase II di sperimentazione, riduce significativamente l'attività delle lesioni alla RM e la frequenza annuale di ricadute.

3.1.3
Terapia sintomatica

Insieme all'immunomodulazione e all'immunosoppressione, il trattamento specifico dei sintomi è una componente essenziale nella gestione del paziente affetto da SM. Obiettivo del trattamento sintomatico è l'eliminazione o la riduzione dei sintomi che inficiano la qualità di vita dei pazienti.

3.1.3.1
Spasticità

Gli obiettivi del trattamento includono: l'eliminazione dei fattori che possono scatenare o peggiorare la spasticità come infezioni urogenitali, costipazione o febbre; il miglioramento della funzione motoria; la riduzione del dolore; evitare complicazioni.

Fisioterapia

È generalmente accettata come il trattamento di base della spasticità, anche se studi controllati sono stati effettuati solo di rado in pazienti con SM o altri disturbi del sistema nervoso centrale.

Trattamento farmacologico

Farmaci antispastici orali di più comune utilizzo sono il baclofen e la tizanidina. È stata dimostrata in diversi studi l'efficacia dell'infusione intratecale continua di baclofen attraverso una pompa impiantabile in pazienti SM con spasticità severa di origine spinale o sopraspinale. Il baclofen intratecale comporta una significativa riduzione del tono muscolare e della frequenza degli spasmi con un potenziale miglioramento della qualità di vita. Sfortunatamente, gli eventi avversi come stanchezza muscolare, cefalea, disturbi della coscienza e infezioni o la dislocazione del catetere possono rappresentare un ostacolo di notevole gravità all'utilizzo di questa terapia.

La tossina botulinica è un'importante e recente arma nel trattamento della spasticità, specialmente nel ridurre la spasticità focale negli arti.

3.1.3.2
Fatica

Più del 75% dei pazienti nel corso della malattia soffre di un'abnorme fatica che abitualmente cresce nel corso della giornata. La fatica nella SM può arrivare a limitare le attività professionali e la vita sociale, e talvolta è tra le cause più importanti di disabilità. Obiettivi del trattamento sono la riduzione della fatica e la facilitazione delle normali attività sociali e occupazionali.

Il raffreddamento transitorio del corpo o degli arti utilizzando impacchi freddi, bagni freddi o aria condizionata, possono migliorare la stabilità posturale, la marcia, la fatica e la forza muscolare negli arti inferiori.

Amantadina solfato: questo farmaco porta a un moderato miglioramento della fatica soggettiva, della capacità di concentrazione e della memoria.

4-Aminopiridina (AP) e 3,4-Diaminopiridina (DAP): 4-AP sembra essere più efficace della 3,4-DAP nel migliorare i sintomi correlati alla temperatura elevata. L'utilizzo è limitato da una ristretta finestra terapeutica, gli eventi avversi includono nausea e raramente crisi epilettiche.

3.1.3.3
Dolore associato alla SM

La frequenza di dolore clinicamente rilevante è riportata nel 29-86% dei pazienti. Obiettivo della terapia è di ridurre il dolore in modo da ottenere una migliore qualità della vita. Il trattamento dipende, ovviamente, dal tipo di dolore che il paziente presenta, quindi è fondamentale la sua precisa definizione.

Il dolore cronico direttamente correlato alla malattia spesso si presenta con una fastidiosa sensazione di bruciore e disestesie agli arti o al tronco; può essere bilaterale o asimmetrico. Questo dolore neuropatico è presente in diversi disturbi neurologici e può essere alleviato da antidepressivi triciclici come l'amitriptilina, da antidepressivi SNRI come la duloxetina, o antiepilettici come la carbamazepina. Buoni risultati possono essere ottenuti anche con pregabalin, gabapentin e lamotrigina.

In alcuni casi il dolore può essere una sequela indiretta della malattia; è questo il caso del dolore dovuto a un eccessivo carico su articolazioni e muscoli. In questi casi il paziente deve essere incoraggiato a lavorare attivamente per raggiungere una postura migliore.

Il dolore locale durante il trattamento con IFNβ o Glatiramer acetato può essere prevenuto mediante l'applicazione di impacchi freddi prima e dopo l'iniezione e ottimizzando le modalità di iniezione. Sintomi simil-influenzali associati a dolori muscolari possono essere alleviati con paracetamolo, ibuprofene, o altri FANS.

3.1.3.4
Sintomi vescicali

Disfunzioni vescicali si verificano in più dell'80% dei pazienti durante il decorso della malattia e spesso peggiorano considerevolmente la qualità della vita. Obiettivi del trattamento sono il miglioramento della funzione vescicale e la prevenzione delle complicanze.

I pazienti dovrebbero essere incoraggiati a tenere un diario della minzione, a bere adeguatamente e regolarmente nel corso della giornata. Il Biofeedback e la ginnastica per il pavimento pelvico possono portare a una riduzione dell'urgenza minzionale e dell'incontinenza.

L'effetto positivo di farmaci anticolinergici, come l'ossibutinina e la tolterodina, nel ridurre l'incontinenza e l'urgenza minzionale nella vescica iperattiva è stato dimostrato da numerosi studi. Gli effetti collaterali anticolinergici possono essere attenuati da farmaci sintomatici o dall'utilizzo di preparazioni a lento rilascio. Agenti alfa bloccanti come alfuzosina e tamsulosina aiutano a ridurre una ritenzione urinaria non ostruttiva. Il baclofen somministrato oralmente ha effetti positivi in caso di sfinteri spastici o dissinergici. In pazienti con vescica neurologica le infezioni vescicali sono molto comuni e dovrebbero essere trattate con antibiotici selettivi per almeno 10 giorni. La cateterizzazione sterile effettuata 4-6 volte al giorno è il trattamento di scelta nella ritenzione dovuta a vescica iperreflessica; le infezioni batteriche rimangono comunque un rischio molto frequente.

3.1.3.5
Disturbi sessuali

Durante il decorso della SM, le disfunzioni della sfera sessuale si presentano in più dell'80% dei pazienti e sono spesso associate a disturbi vescicali. Gli uomini sono colpiti più frequentemente delle donne. Obiettivo del trattamento è normalizzare il più possibile l'attività sessuale dei pazienti. I farmaci più utilizzati sono gli inibitori della 5-fosfodiesterasi come il sildenafil, tadalafil, vardenafil. Per i problemi che si presentano nel sesso femminile (anorgasmia, secchezza vaginale, dolore durante i rapporti, diminuzione della libido) oltre ai presidi locali, un ruolo fondamentale può

essere svolto da un'adeguata consulenza sessuologica e psicologica. Queste possono fornire, anche per gli uomini, le indicazioni per i provvedimenti, le strategie, i percorsi di supporto da adottare in base alla situazione individuale e nell'ambito di un
approccio interdisciplinare.

3.1.3.6
Atassia e tremore

Obiettivo del trattamento è quello di migliorare l'atassia specialmente quando interferisce in modo importante con le attività quotidiane. I cardini della terapia sono la
fisioterapia e la terapia occupazionale. Il trattamento farmacologico può solo ridurre la componente tremorigena, ed è usualmente poco efficace.

3.1.3.7
Sintomi parossistici

Circa il 10-20% dei pazienti soffre di sintomi come la nevralgia del trigemino o altri dolori parossistici. Il trattamento principale consiste nei farmaci antiepilettici, soprattutto carbamazepina, gabapentin e pregabalin.

3.1.3.8
Disfagia

La sua frequenza varia tra il 24 e il 55% dei pazienti. Disidratazione, malnutrizione
e aspirazione bronchiale sono indicazioni urgenti al trattamento attivo della disfagia.
Questo consiste nella terapia funzionale, nel trattamento farmacologico e in altre misure palliative. L'ipersalivazione può essere attenuata utilizzando farmaci anticolinergici. La tossina botulinica iniettata nello sfintere esofageo superiore può ridurre
la disfagia dovuta a un aumentato tono sfinterico.

3.1.3.9
Disfunzioni cognitive

Per quanto riguarda le misure terapeutiche per i disturbi cognitivi, accenneremo soltanto all'uso di farmaci anticolinesterasici nei pazienti con SM, mentre per quanto
riguarda la riabilitazione cognitiva si rimanda alla specifica sezione sulla riabilitazione, così come si rimanda ai capitoli ad essi dedicati per la terapia dei disturbi del-
l'umore, della mania e delle psicosi.
   I trial sui farmaci anticolinesterasici per il miglioramento dei deficit cognitivi nei
pazienti con SM, a parte l'esiguità dei campioni inclusi negli studi, non permettono
di esprimere un parere conclusivo sull'efficacia di tale categoria di farmaci, tanto più

per quanto riguarda una terapia di lungo periodo che si prospetterebbe nei pazienti con SM.

3.2
Riabilitazione nella sclerosi multipla
Ugo Nocentini, Carlo Caltagirone

3.2.1
Aspetti generali

Alla luce del tema centrale di questo volume, si ritiene di dedicare uno spazio limitato alla trattazione della riabilitazione nei pazienti affetti da SM. La necessità di integrare tutti gli aspetti che possano migliorare il grado di benessere del paziente richiede, comunque, di considerare tutte le possibili strategie di trattamento, comprese quelle riabilitative.

Pertanto, vorremmo fornire degli elementi di ordine generale e suggerire alcune riflessioni sulla riabilitazione, globalmente intesa, nei pazienti con SM. Un piccolo ulteriore spazio sarà dedicato al tema della riabilitazione cognitiva.

La SM è una patologia estremamente composta e variabile da un soggetto all'altro; questo esercita una indubbia influenza sull'approccio riabilitativo.

Dobbiamo tenere conto delle caratteristiche anagrafiche dei pazienti con SM, dell'instabilità della situazione funzionale, del possibile interessamento di tutti gli aspetti del funzionamento neurologico e, di conseguenza, del possibile coinvolgimento di tutte le strutture corporee.

Gli approcci terapeutici, e quindi anche la riabilitazione, devono essere tempestivi, individualizzati, flessibili e multidisciplinari.

La riabilitazione, come le altre terapie, presenta nella SM notevoli livelli di complessità. Sappiamo che il SN presenta un grado significativo di plasticità strutturale e funzionale e ciò può rappresentare la base del recupero.

Nel momento in cui vogliamo inserire la riabilitazione tra le possibilità terapeutiche disponibili per i pazienti con SM, dobbiamo essere in grado di valutarne l'efficacia. E nel farlo dobbiamo cercare di applicare i principi e le procedure utilizzati nella valutazione dell'efficacia e della sicurezza di qualsiasi altra terapia.

Purtroppo, non esistono dati a favore della sensibilità al cambiamento, indotto dalla riabilitazione, degli strumenti comunemente utilizzati per la valutazione dei pazienti con SM. In mancanza di uno strumento di valutazione unico che possa cogliere tutti i molteplici aspetti di questa malattia, è necessario far ricorso a un insieme di strumenti, ognuno dei quali sia in grado di dare la migliore misura di un certo aspetto.

Quando si voglia valutare l'efficacia della riabilitazione deve essere considerato un altro rilevante aspetto metodologico. In base ai protocolli ormai ritenuti validi per stabilire l'efficacia terapeutica e il grado di rischio di un determinato trattamento, è previsto: 1) il confronto tra un gruppo in terapia attiva e un gruppo in cui si effettua un intervento senza sostanziali effetti terapeutici (placebo); 2) l'assegnazione random all'uno o all'altro gruppo; 3) una situazione di non consapevolezza sulla natura del trattamento sia da parte del paziente che da parte del clinico (doppio cieco).

Alcuni ritengono che ciò sia praticamente impossibile nel caso della riabilitazione: in realtà, pur essendo veramente difficile da raggiungere, è un obiettivo possibile. Percorrendo la strada verso il fine suddetto, si è già potuto ottenere un notevole incremento nel rigore metodologico degli studi che hanno valutato l'efficacia dei trattamenti riabilitativi in pazienti con SM.

Sono state effettuate numerose ricerche intese a valutare l'efficacia sia di singoli aspetti del processo riabilitativo che un intero insieme di interventi riabilitativi. Esistono evidenze che sostengono la validità sia di alcune componenti del processo riabilitativo applicate isolatamente che di più aspetti riabilitativi applicati contemporaneamente [28–55].

Sono stati valutati anche gli aspetti economici connessi agli aspetti logistico-organizzativi [46]. Per alcune componenti del processo riabilitativo (terapia occupazionale, esercizi terapeutici) esistono anche revisioni evidence-based che danno un giudizio complessivo sull'efficacia di tali componenti della riabilitazione [56, 57].

Anche se gli interrogativi sulla riabilitazione per i pazienti con SM non hanno ricevuto un'esauriente risposta, si intravedono delle soluzioni possibili: le conoscenze che si stanno accumulando sui meccanismi di recupero e di compenso consentiranno una più adeguata strutturazione dei programmi riabilitativi; la dimostrazione di efficacia sarà sostenuta dalle metodologie più rigorose di verifica dei risultati; sarà possibile introdurre dei criteri, come quelli derivati dalle tecniche di neuroimmagine funzionale, che siano indipendenti dal valutatore.

In un'ottica di adeguato utilizzo delle risorse che andrà giustamente sempre più imponendosi, è necessario individuare le caratteristiche del paziente con SM che può giovarsi maggiormente della riabilitazione. Man mano che aumentano le conoscenze su questa malattia, però, emerge che già in fase precoce possono essere presenti compromissioni sia sul piano motorio che cognitivo. In questo ambito troverà collocazione anche l'approccio riabilitativo. Per i deficit lievi, potranno essere sufficienti anche solo dei consigli per la gestione delle attività di vita quotidiana o per l'effettuazione di attività fisiche, gestite dal paziente stesso, finalizzate a ottenere una migliore forma fisica. Per i problemi di entità moderata saranno sufficienti brevi programmi di riabilitazione indirizzati agli ambiti compromessi, da integrare con l'approccio suggerito per i deficit più lievi. Ai casi con problemi e difficoltà maggiori, saranno riservati i programmi più intensivi e più articolati; nei casi di disabilità severa sarà importante garantire, comunque, i migliori livelli possibili di comfort [58].

Vista la molteplicità dei problemi che possono incontrare i pazienti con SM, tutte le varie branche della riabilitazione possono risultare utili; spesso sono necessari più approcci riabilitativi contemporanei.

Attenzione deve essere dedicata alle modalità organizzative con cui fornire la riabilitazione: pur nella diversità che li caratterizza, i pazienti con SM, per la maggior parte del decorso della malattia, sono in grado di vivere nella comunità ed è molto importante che si faccia il possibile per mantenere tale situazione. Pertanto, le opzioni della riabilitazione in Day Hospital o in regime ambulatoriale rappresentano le soluzioni migliori per la maggior parte di questi pazienti. Il regime in ricovero or-

3

dinario e quello domiciliare andranno riservati ai casi con difficoltà notevoli negli spostamenti quotidiani dal proprio domicilio. Sarà necessario soppesare con il paziente, i suoi familiari, i caregiver i vantaggi e gli svantaggi di ogni opzione e individuare quella con il bilancio più positivo. Sarà necessario, però, nel campo delle politiche sanitarie, fare in modo che la praticabilità delle varie opzioni sia effettiva.

Appare evidente che è necessario ragionare in termini di integrazione tra tutti gli aspetti terapeutici, assistenziali, sociali che possono interessare i pazienti con SM.

Gli sforzi di tutti coloro che sono interessati a migliorare la condizione di questi pazienti andranno, pertanto, rivolti verso percorsi integrati di cura: questi percorsi sono multidisciplinari e coinvolgono tutti coloro interessati alla cura del paziente; sono incentrati sul paziente; sono relativi a una particolare condizione patologica e a una particolare situazione di cura; forniscono una documentazione dettagliata del processo con cui vengono fornite le cure; le deviazioni dal processo previsto (variazioni) sono documentate e analizzate; l'analisi delle variazioni permette al team di rivedere la pratica clinica, ridefinire il percorso ed elaborare dei metodi di cura più efficienti, appropriati e tempestivi [59, 60].

L'integrazione non può e non deve riguardare solo ciò che è possibile fare a livello ospedaliero o sul territorio: deve prevedere un effettivo raccordo tra tutte le realtà in gioco, identificando anche le figure professionali che si occupino di organizzare, sostenere e verificare il buon esito della integrazione, per così dire, sovra-strutturale. Seguendo questo percorso non si potrà prescindere dal porre il paziente al centro del processo terapeutico in tutte le sue componenti e di coinvolgere nella collaborazione consapevole le persone a lui più vicine.

Solo un team di tipo multidisciplinare può progettare e gestire il percorso integrato e verificarne l'efficacia [61, 63]. L'obiettivo da porsi è, però, quello di preparare dei team inter-disciplinari: essi permettono una maggiore integrazione nel lavoro, con un approccio comune nel pianificare e fornire le cure e nel valutarne gli esiti.

Infine, la riabilitazione non deve essere separata dalle altre terapie: l'armonizzazione degli interventi non può che ottenere risultati migliori.

3.2.2
La riabilitazione cognitiva nella sclerosi multipla

In letteratura sono reperibili poco più di 20 lavori che abbiano avuto come oggetto l'applicazione di strategie e programmi di riabilitazione cognitiva a pazienti affetti da SM.

Oltre a tali lavori sono reperibili due revisioni. La prima è la Cochrane Collaboration Review di Thomas e coll. [64]: questa ha, però, preso in considerazione solo i 5 lavori che fino al 2007 presentavano le caratteristiche di trial randomizzati e controllati. Non è stato, comunque, possibile effettuare una metanalisi dei dati di questi 5 lavori. Thomas e coll. [64], sulla base dei dati disponibili, concludono che non è possibile esprimere giudizi sulla efficacia della riabilitazione cognitiva, qualunque sia la modalità di trattamento utilizzata.

La seconda revisione [65] ha preso in considerazione 16 lavori; gli autori concludono che, se ci basiamo su un principio fondato sull'evidenza, dobbiamo constatare che siamo ancora ai primi passi. Quanto fatto finora fornisce solo alcuni fondamenti per le ricerche future. La maggior parte dei trial svolti finora si interessa delle capacità di apprendimento e di memoria. Secondo O'Brien e coll. [65] è tuttavia possibile formulare la raccomandazione per un linea guida in campo pratico-applicativo a favore di una tecnica di memorizzazione (story memory technique) utilizzata nel trial di Chiaravalloti e coll. [66]. Nella review vengono proposte una serie di raccomandazioni: la necessità di maggiore rigore metodologico; il miglioramento delle modalità di assessment; l'incremento delle casistiche; una più precisa descrizione delle caratteristiche generali della popolazione e della metodologia dell'intervento; l'applicazione di metodologie risultate efficaci nel trattamento di altre condizioni patologiche; la valutazione del trasferimento dei benefici nella effettuazione delle usuali attività di vita quotidiana.

Si può concludere che le caratteristiche dei disturbi cognitivi che la SM può causare rendono obiettivamente difficile la pianificazione e applicazione di programmi riabilitativi e, ancor più quella di trial che ne possano dimostrare l'efficacia.

Finora sono stati utilizzati sia programmi computerizzati che il training diretto da parte di specifiche figure professionali (terapisti e psicologi). Oltre alla rieducazione delle funzioni attentive e mnesiche, che fanno la parte del leone, ci si è occupati anche dei disturbi comportamentali o sono stati presi in considerazione i deficit effettivamente presentati dai pazienti.

La generica descrizione della metodologia riabilitativa non permette di risalire alle precise caratteristiche del trattamento, con l'esclusione di quei lavori [40, 67, 68] che hanno usato programmi compresi nel sistema Rehacom.

Siamo, pertanto, d'accordo con gli autori delle citate review nel dire che i risultati finora disponibili non permettono di trarre conclusioni definitive, così come concordiamo con le loro raccomandazioni.

Bibliografia

1. Sellebjerg F, Barnes D, Filippini G et al (2005) EFNS guideline on treatment of multiple sclerosis relapses: report of an EFNS task force on treatment of multiple sclerosis relapses. Eur J Neurol 12:939–946
2. Weinshenker BG, O'Brien PC, Petterson TM et al (1999) A randomized trial of plasma exchange in acute central nervous system inflammatory demyelinating disease. Neurology 46:878–886
3. The IFNB Multiple Sclerosis Study Group and the University of British Columbia MS/MRI Analysis Group (1995) Interferon beta-1b in the treatment of multiple sclerosis: final outcome of the randomized controlled trial. Neurology 45:1277–1285
4. PRISMS (Prevention of Relapses and Disability by Interferon Beta-1a Subcutaneously in Multiple Sclerosis) Study Group (1998) Randomised double-blind placebo-controlled study of interferon beta-1a in relapsing/remitting multiple sclerosis. Lancet 352:1498–1504
5. Schwid SR, Goodman AD, Mattson DH (1997) Autoimmune hyperthyroidism in patients with multiple sclerosis treated with interferon β-1b. Arch Neurol 54:1169–1190
6. Rotondi M, Oliviero A, Profice P et al (1998) Occurrence of thyroid autoimmunity and dysfunction throughout a nine-month follow-up in patients undergoing interferon β therapy for multiple sclerosis. J Endocrin Invest 21:748–752
7. Durelli L, Ferrero B, Oggero A et al (1999) Autoimmune events during interferon β-1b treat-

ment for multiple sclerosis. J Neurol Sci 162:74–83

8. Yoshida EM, Rasmussen SL, Steinbrecher UP et al (2001) Fulminant liver failure during interferon β treatment of multiple sclerosis. Neurology 56:1416

9. Li DK, Paty DW (1999) Magnetic resonance imaging results of the PRISMS trial: a randomized, double-blind, placebo-controlled study of interferon-beta1a in relapsing-remitting multiple sclerosis. Prevention of Relapses and Disability by Interferon-beta1a Subcutaneously in Multiple Sclerosis. Ann Neurol 46:197–206

10. Jacobs LD, Beck RW, Simon JH et al (2000) Intramuscular interferon beta-1a therapy initiated during a first demyelinating event in multiple sclerosis. N Engl J Med 343:898–904

11. Comi G, Filippi M, Barkhof F et al (2001) Effect of early interferon treatment on conversion to definite multiple sclerosis: a randomised study. Lancet 357:1576–1582

12. Kappos L, Polman CH, Freedman MS et al (2006) Treatment with interferon beta-1b delays conversion to clinically definite and McDonald MS in patients with clinically isolated syndromes. Neurology 67:1242–1249

13. Kappos L, Freedman MS, Polman CH et al (2007) Effect of early versus delayed interferon beta-1b treatment on disability after a first clinical event suggestive of multiple sclerosis: a 3-year follow-up analysis of the BENEFIT study. Lancet 370:389–397

14. Panitch H, Miller A, Paty D et al (2004) Interferon beta-1b in secondary progressive MS: results from a 3-year controlled study. Neurology 63:1788–1795

15. Secondary Progressive Efficacy Clinical Trial of Recombinant Interferon-beta-1a in MS (SPECTRIMS) Study Group (2001) Randomized controlled trial of interferon-beta-1a in secondary progressive MS: clinical results. Neurology 56:1496–1504

16. Sørensen PS, Deisenhammer F, Duda P et al (2005) Guidelines on use of anti-IFN-beta antibody measurements in multiple sclerosis: report of an EFNS Task Force on IFN-beta antibodies in multiple sclerosis. Eur J Neurol 12:817–827

17. Johnson KP, Brooks BR, Cohen JA et al (1995) Copolymer 1 reduces relapse rate and improves disability in relapsing-remitting multiple sclerosis: results of a phase III multicenter, double-blind, placebo-controlled trial. Neurology 45:1268–1276

18. Comi G, Martinelli V, Rodegher M et al (2009) Effect of glatiramer acetate on conversion to clinically definite multiple sclerosis in patients with clinically isolated syndrome (PreCISe study): a randomised, double-blind, placebo-controlled trial. Lancet 374:1503–1511

19. O'Connor P, Filippi M, Arnason B et al (2009) 250 microg or 500 microg interferon beta-1b versus 20 mg glatiramer acetate in relapsing-remitting multiple sclerosis: a prospective, randomised, multicentre study. Lancet Neurol 8:889–897

20. Mikol DD, Barkhof F, Chang P et al (2008) Comparison of subcutaneous interferon beta-1a with glatiramer acetate in patients with relapsing multiple sclerosis (the REbif vs Glatiramer Acetate in Relapsing MS Disease [REGARD] study): a multicentre, randomised, parallel, open-label trial. Lancet Neurol 7:903–914

21. Johnson KP, Brooks BR, Cohen JA et al (1998) Extended use of glatiramer acetate (Copaxone) is well tolerated and maintains its clinical effect on multiple sclerosis relapse rate and degree of disability. Neurology 50:701–708

22. Polman CH, O'Connor PW, Havrdova E et al (2006) A randomized, placebo-controlled trial of natalizumab for relapsing multiple sclerosis. N Engl J Med 354:899–910

23. Yousry TA, Major EO, Ryschkewitsch C et al (2006) Evaluation of patients treated with natalizumab for progressive multifocal leukoencephalopathy. N Engl J Med 354:924–933

24. Kappos L, Bates D, Hartung HP et al (2007) Natalizumab treatment for multiple sclerosis: recommendations for patient selection and monitoring. Lancet Neurol 6:431–441

25. Neuhaus O, Kieseier BC, Hartung HP (2006) Therapeutic role of mitoxantrone in multiple sclerosis. Pharmacol Ther 109:198–209

26. Millefiorini E, Gasperini C, Pozzilli C et al (1997) Randomized placebo-controlled trial of mitoxantrone in relapsing remitting multiple sclerosis: 24-month clinical and MRI outcome. J Neurol 244:153–159

27. Casetta I, Iuliano G, Filippini G (2009) Azathioprine for multiple sclerosis. J Neurol Neurosurg Psychiatry 80:131–132

28. Gehlsen GM, Grigsby SA, Winant DM (1984) Effects of an aquatic fitness program on the

muscular strength and endurance of patients with multiple sclerosis. Phys Ther 64:653–657

29. Gehlsen G, Beekman K, Assmann N et al (1986) Gait characteristics in multiple sclerosis: progressive changes and effects of exercise on parameters. Arch Phys Med Rehab 67:536–539

30. Jonsson A, Korfitzen EM, Heltberg A et al (1993) Effects of neuropsychological treatment in patients with multiple sclerosis. Acta Neurol Scand 88:394–400

31. Svensson B, Gerdle B, Elert J (1994) Endurance training in patients with multiple sclerosis; Five case studies. Phys Ther 74:1017–1024

32. Fuller KJ, Dawson K, Wiles CM (1996) Physiotherapy and mobility in multiple sclerosis: a controlled study. Clin Rehab 10:195–204

33. Petajan JH, Gappmaier E, White AT et al (1996) Impact of aerobic training on fitness and quality of life in multiple sclerosis. Ann Neurol 39:432–441

34. Driessen MJ, Dekker J, Lankhorst GJ et al (1997) Occupational therapy for patients with chronic diseases. Disab Rehab 19:198–204

35. Freeman JA, Langdon DW, Hobart JC et al (1997) The impact of inpatient rehabilitation on progressive multiple sclerosis. AnnNeurol 42(2):236–244

36. Freeman JA, Langdon DW, Hobart JC et al (1999) Inpatient rehabilitation in multiple sclerosis: do the benefits carry over into the community? Neurology 52:50–56

37. Bowcher H, May M (1998) Occupational therapy for the management of fatigue in multiple sclerosis. Br J Occup Ther 61:488–492

38. Di Fabio RP, Soderberg J, Choi T et al (1998) Extended outpatient rehabilitation: its influence on symptom frequency, fatigue and functional status for persons with progressive multiple sclerosis. Arch Phys Med Rehab 79:141–146

39. Lord SE, Wade DT, Halligan PW (1998) A comparison of two physiotherapy treatment approaches to improve walking in multiple sclerosis: a pilot randomized controlled study. Clin Rehab 2:477–486

40. Mendozzi L, Pugnetti L, Motta A et al (1998) Computer assisted memory retraining of patients with multiple sclerosis. It J Neurol Sci 19:S431–S432

41. Plohmann AM, Kappos L, Ammann W et al (1998) Computer assisted retraining of attentional impairments in patients with multiple sclerosis. J Neurol Neurosurg Psychiatry 455–462

42. Jones R, Davies-Smith A, Harvey L (1999) The effect of weighted leg raises and quadriceps strength, EMG and functional activities in people with multiple sclerosis. Physiotherapy 85:154–161

43. Solari A, Filippini G, Gasco P et al (1999) Physical rehabilitation has a positive effect on disability in multiple sclerosis patients. Neurology 52:57–62

44. Mathiowetz V, Matuska KM, Murphy ME (2001) Efficacy of an energy conservation course for persons with multiple sclerosis. Arch Phys Med Rehab 82:449–456

45. Peterson C (2001) Exercise in 94 degrees F water for a patient with multiple sclerosis. Phys Ther 81:1049–1058

46. Wiles CM, Newcombe RG, Fuller KJ et al (2001) Controlled randomised crossover trial of the effects of physiotherapy on mobility in chronic multiple sclerosis. J Neurol Neurosurg Psychiatry 70:174–179

47. Mostert S, Kesserling J (2002) Effects of a short-term exercise training program on aerobic fitness, fatigue, health perception and activity level of subjects with multiple sclerosis. Mult Scler 8:161–168

48. O'Hara L, Cadbury H, De Souza L et al (2002) Evaluation of the effectiveness of professionally guided self-care for people with multiple sclerosis living in the community: a randomized controlled trial. Clin Rehab 16:119–128

49. Vanage SM, Gilbertson KK, Mathiowetz V (2003) Effects of an energy conservation course on fatigue impact for persons with progressive multiple sclerosis. Am J Occup Ther 57:315–323

50. Carter P, White CM (2003) The effect of general exercise training on effort of walking in patients with multiple sclerosis. 14th International World Confederation for Psysical Therapy, Barcelona

51. Chiaravalloti ND, Demaree H, Gaudino EA et al (2003) Can the repetition effect maximize learning in multiple sclerosis? Clin Rehabil 17:58–68

52. Craig J, Young CA, Ennis M et al (2003) A randomised controlled trial comparing rehabili-

tation against standard therapy in multiple sclerosis patients receiving intravenous steroid treatment. J Neurol Neurosurg Psychiatry 74:1225–1230

53. O'Connell R, Murphy RM, Hutchinson M et al (2003) A controlled study to assess the effects of aerobic training on patients with multiple sclerosis. 14th International World Confederation for Psysical Therapy, Barcelona

54. Patti F, Ciancio MR, Cacopardo M et al (2003) Effects of a short outpatients rehabilitation treatment on disability on multiple sclerosis patients: a randomised controlled trial. J Neurol 250:861–866

55. DeBolt LS, McCubbin JA (2004) The effect of home-based resistance exercise on balance, power and mobility in adults with multiple sclerosis. Arch Phys Med Rehab 85:290–297

56. Steultjens EMJ, Dekker J, Bouter LM et al (2003) Occupational therapy for multiple sclerosis. The Cochrane Database of Systematic Reviews, Issue 3

57. Rietberg MB, Brooks D, Uitdehaag BMJ et al (2004) Exercise therapy for multiple sclerosis. The Cochrane Database of Systematic Reviews, Issue 3

58. Rousseaux M, Perennou D (2004) Comfort care in severely disabled multiple sclerosis patients. J Neurol Sci 222:39–48

59. Rossiter D, Thompson AJ (1995) Introduction of integrated care pathways for patients with multiple sclerosis in an inpatient neurorehabilitation setting. Disab Rehab 17:443–448

60. Rossiter DA, Edmondson A, Al-Shahi R et al (1998) Integrated care pathways in multiple sclerosis rehabilitation: completing the audit cycle. Mult Scler 4:85–89

61. Clanet MG, Brassat D (2000) The management of multiple sclerosis. Curr Op Neurol 13:263–270

62. Freeman JA, Thompson AJ (2001) Building an evidence base for multiple sclerosis management: support for physiotherapy. J Neurol Neurosurg Psychiatry 70:147–148

63. Thompson AJ (2001) Symptomatic management and rehabilitation in multiple sclerosis. J Neurol Neurosurg Psychiatry 71(suppl II):II22–II27

64. Thomas PW, Thomas S, Hillier C et al (2006) Psychological interventions for multiple sclerosisl. Cochrane Database Syst Rev 25:CD004431

65. O'Brien AR, Chiaravalloti N, Goverover Y et al (2008) Evidenced-based cognitive rehabilitation for persons with multiple sclerosis: a review of the literature. Arch Phys Med Rehabil 89:761–769

66. Chiaravalloti ND, Deluca J, Moore NB et al (2005) Treating learning impairments improves memory performance in multiple sclerosis: a randomized clinical trial. Mult Scler 11:58–68

67. Solari A, Motta A, Mendozzi L et al (2004) Computer-aided retraining of memory and attention in people with multiple sclerosis: a randomized, double-blind controlled trial. J Neurol Sci 222:99–104

68. Tesar N, Bandion K, Baumhackl U (2005) Efficacy of a neuropsychological training programme for patients with multiple sclerosis-a randomised controlled trial. Wen Klin Wochenschr 117:747–754

Parte II
I disturbi neuropsichiatrici nella sclerosi multipla

I disturbi dell'umore

4

4.1
Depressione e ansia
Alberto Siracusano, Cinzia Niolu, Lucia Sacchetti, Michele Ribolsi

4.1.1
Epidemiologia

4.1.1.1
Depressione

Il Disturbo Depressivo Maggiore (DDM) è molto comune nei pazienti con sclerosi multipla (SM), con una stima di prevalenza *lifetime* pari addirittura al 50% [1]. Uno studio recente ha mostrato come la prevalenza annuale di DDM nella SM è più elevata rispetto sia alla popolazione generale sia rispetto a persone con altre condizioni mediche croniche. In pazienti affetti da SM di età compresa tra 18 e 45 anni, in particolare, è stata riportata una prevalenza annuale del 25,7% [2].

Di grande rilevanza è il dato che una ideazione di tipo suicidario è relativamente comune tra pazienti con SM, e che spesso in tali pazienti la depressione non è riconosciuta e non è trattata [1, 3]. Una revisione del 1990 sui disturbi affettivi in pazienti con patologie neurologiche [4] ha riportato una maggiore incidenza e prevalenza di sintomi depressivi nella SM rispetto a soggetti con altre malattie neurologiche. Minden e coll. [5] hanno selezionato in maniera quasi randomizzata 50 pazienti con SM riportando che il 54% del campione soddisfaceva i criteri di ricerca per Depressione Maggiore. Joffe e coll. [6] hanno analizzato 100 pazienti reclutati consecutivamente in un ambulatorio per SM in Canada e hanno riportato una prevalenza *lifetime* del 42%. In un altro studio su 221 pazienti reclutati consecutivamente in un centro SM a Vancouver, Sadovnick e coll. [7] hanno riportato una prevalenza *lifetime* del 50% mediante l'ausilio di una intervista psichiatrica strutturata. Chwastiak

I disturbi neuropsichiatrici nella sclerosi multipla. Ugo Nocentini, Carlo Caltagirone, Gioacchino Tedeschi (a cura di) © Springer-Verlag Italia 2011

e coll. [8] hanno effettuato un sondaggio via mail su 1374 membri della *Multiple Sclerosis Association in King County*, con un tasso di risposta del 54%; è stato riscontrato come circa il 42% del campione avesse sintomi depressivi clinicamente significativi secondo la *Centre for Epidemiological Studies' Depression Scale* (CES-D), di cui il 29% con punteggi di grado moderato o severo.

In sintesi, questi studi hanno più volte riportato che la prevalenza della depressione nella SM è persino più alta quando paragonata ad altri gruppi con malattie croniche.

4.1.1.2
Disturbi d'ansia

L'ansia nei pazienti con SM è stata meno investigata rispetto alla depressione, sebbene sia una causa di disabilità importante in questi pazienti. Nella letteratura, la prevalenza di disturbi d'ansia ha un'ampiezza molto variabile, tra il 19 e il 90% [9–11], il che vuol dire che secondo alcuni studi l'ansia è un disturbo persino più frequente della depressione, e in generale, degli altri disturbi dell'umore [9, 12]. In particolare, tassi più elevati di ansia sono stati riscontrati in pazienti con diagnosi recente di SM (34%) e nei loro partner (40%) [13].

Inoltre, in uno studio longitudinale a 2 anni condotto su 101 pazienti con diagnosi recente, è stato osservato che i pazienti con SM e i loro partner continuano ad avere tassi maggiori di ansia e *distress* anche a un anno dalla diagnosi [14]. In un altro studio condotto in 140 pazienti consecutivi con diagnosi di SM, la prevalenza *lifetime* di un qualsiasi disturbo d'ansia è risultata pari al 35,7%, con il disturbo di panico al 10%, il disturbo ossessivo compulsivo all'8,6% e disturbo d'ansia generalizzato al 18,6%. Fattori di rischio sono il genere femminile, una diagnosi di depressione in comorbidità e un ristretto supporto sociale [15].

4.1.2
Aspetti clinici

4.1.2.1
Depressione

Criteri DSM-IV-TR e diagnosi differenziale.

Il *Diagnostic and Statistical Manual of Mental Disorders*, quarta edizione – Text Revision (DSM-IV-TR) [16], propone i seguenti criteri per la diagnosi di depressione maggiore (unipolare):

1) umore depresso per la maggior parte del giorno, quasi ogni giorno, come riportato dal soggetto o come osservato da altri;
2) marcata diminuzione di interesse o piacere per tutte, o quasi tutte, le attività per la maggior parte del giorno, quasi ogni giorno;
3) significativa perdita di peso, in assenza di una dieta, o significativo aumento di

peso, oppure diminuzione o aumento dell'appetito quasi ogni giorno;
4) insonnia o ipersonnia quasi ogni giorno;
5) agitazione o rallentamento psicomotorio quasi ogni giorno;
6) affaticabilità o mancanza di energia quasi ogni giorno;
7) sentimenti di autosvalutazione oppure sentimenti eccessivi o inappropriati, sensi di colpa, quasi ogni giorno;
8) diminuzione della capacità di concentrazione, attenzione e pensiero. Difficoltà nel prendere decisioni o iniziative in ambito familiare e/o lavorativo;
9) pensieri ricorrenti di morte o di intenzione e/o progettualità suicidaria.

Per parlare di episodio depressivo maggiore è necessaria la presenza di almeno cinque dei sintomi sopra elencati. Tra questi sintomi ci devono essere l'umore depresso e/o la diminuzione di interesse o piacere; la sintomatologia deve persistere per almeno 2 settimane.

Nella maggior parte dei casi, però, la depressione si configura come disturbo depressivo maggiore, cioè un decorso clinico caratterizzato da più episodi depressivi maggiori; nel 50-60% dei casi, infatti, un episodio depressivo maggiore sarà seguito da un ulteriore episodio depressivo, portando quindi alla formazione di un disturbo depressivo. I sintomi non devono potersi attribuire a una condizione medica generale o agli effetti di una sostanza, altrimenti si parlerà di disturbi dell'umore secondari a condizioni mediche. Vedremo a breve cosa comporti ciò nel caso della SM.

Nel caso della SM i sopra riportati criteri diagnostici pongono delle difficoltà: almeno 4 sintomi (insonnia o ipersonnia, rallentamento o agitazione psicomotoria, affaticabilità e problemi di concentrazione) possono essere presenti simultaneamente come conseguenza diretta della malattia e non di un disturbo dell'umore. Nella SM si possono avere anche perdita o aumento di peso. Pertanto, basta la presenza di uno dei due sintomi obbligatori per raggiungere il criterio dell'episodio depressivo maggiore. I sintomi che possono far parte della sintomatologia della SM possono essere persistenti e rappresenterebbero una "base sintomatologica" a cui si potrebbero aggiungere i disturbi più propriamente emotivi.

Come si vedrà a proposito delle ipotesi eziopatogenetiche e dei dati di RM nei disturbi dell'umore, in realtà il disturbo depressivo potrebbe essere conseguenza diretta di particolari localizzazioni lesionali. In questo caso, si potrebbe avanzare la diagnosi di disturbo dell'umore secondario a condizione medica. Se ci poniamo, invece, nella prospettiva della reazione emotiva a un evento drammatico e facciamo riferimento al periodo successivo alla comunicazione della diagnosi di SM, si potrebbe anche considerare la diagnosi di disturbo di adattamento con umore depresso.

4.1.2.2
Disturbi d'ansia

In questa sezione sono compresi, secondo il DSM-IV-TR, i seguenti disturbi:
- il disturbo di panico senza agorafobia: è caratterizzato da ricorrenti attacchi di panico inaspettati, riguardo ai quali vi è una preoccupazione persistente. Il disturbo di panico con agorafobia è caratterizzato sia da ricorrenti attacchi di panico

inaspettati che da agorafobia;
- l'agorafobia senza anamnesi di disturbo di panico: è caratterizzata dalla presenza di agorafobia e di sintomi tipo panico senza anamnesi di attacchi di panico inaspettati;
- la fobia specifica: è caratterizzata da un'ansia clinicamente significativa provocata dall'esposizione a un oggetto o a una situazione temuti, che spesso determina condotte di evitamento;
- la fobia sociale: è caratterizzata da un'ansia clinicamente significativa provocata dall'esposizione a certi tipi di situazioni o di prestazioni sociali, che spesso determina condotte di evitamento;
- il disturbo ossessivo-compulsivo: è caratterizzato da ossessioni (che causano ansia o disagio marcati) e/o compulsioni (che servono a neutralizzare l'ansia);
- il disturbo post-traumatico da stress: è caratterizzato dal rivivere un evento estremamente traumatico accompagnato da sintomi di aumento dell'arousal e da evitamento di stimoli associati al trauma;
- il disturbo acuto da stress: è caratterizzato da sintomi simili a quelli del disturbo post-traumatico da stress che si verificano immediatamente a seguito di un evento estremamente traumatico;
- il disturbo d'ansia generalizzato: è caratterizzato da almeno 6 mesi di ansia e preoccupazione persistenti ed eccessive.

Come per il disturbo depressivo maggiore, anche per i disturbi d'ansia esiste una sezione separata riguardante i disturbi d'ansia secondari ad altra condizione. In particolare, esistono:
- il disturbo d'ansia dovuto ad una condizione medica generale: è caratterizzato da sintomi rilevanti di ansia ritenuti conseguenza fisiologica diretta di una condizione medica generale;
- il disturbo d'ansia indotto da sostanze: è caratterizzato da sintomi rilevanti di ansia ritenuti conseguenza fisiologica diretta di una droga di abuso, di un farmaco o dell'esposizione a una tossina;
- il disturbo d'ansia non altrimenti specificato: viene incluso per la codificazione di disturbi con ansia o evitamento fobico rilevanti che non soddisfano i criteri per nessuno specifico disturbo d'ansia definito in questa sezione (o sintomi di ansia a proposito dei quali sono disponibili informazioni inadeguate o contraddittorie).

4.1.3
Presentazione clinica

Dal punto di vista clinico, la depressione in corso di SM ha una presentazione clinica peculiare. L'umore depressivo in pazienti con SM ha una qualità distinta, nella quale predominano l'ansia, l'irritabilità, la rabbia e i disturbi somatici. La dimensione anedonica-apatica appare meno frequente così come il ritiro sociale. Uno studio longitudinale di confronto tra differenti cluster sintomatici di depressione in corso di SM ha mostrato come i sintomi legati specificatamente all'umore siano significativamente più variabili nel tempo rispetto ai sintomi neurovegetativi, i quali, a differenza della depressione in soggetti neurologicamente sani, presentano una maggiore stabilità clinica. Nello stesso studio, gli autori hanno evidenziato come nel corso dello sviluppo di una franca sintomatologia depressiva, l'incapacità di porre in atto attive strategie di coping nel tempo correla con una maggiore ingravescenza del quadro clinico psichiatrico [17].

La depressione ha un'incidenza solitamente maggiore durante le fasi di ricaduta rispetto a quelle di remissione [9, 18] e quando la disabilità neurologica ha un andamento progressivo; tuttavia un'alta prevalenza è riscontrata anche nel 54% dei pazienti con SM ad andamento più benigno [19]. Al contrario, nessuna relazione stretta è stata riscontrata tra sintomi depressivi e durata della malattia o grado di impairment fisico nella sclerosi multipla Recidivante-Remittente (RRMS) [9].

Infine, il rischio di recidiva indotto dalla depressione è un argomento interessante: diversi studi lo hanno preso in considerazione, spesso con risultati conflittuali. Infatti, mentre alcuni lavori hanno riportato un'associazione positiva tra depressione e ricadute cliniche della SM [9, 20, 21], con tassi di depressione maggiori in pazienti in fase di recidiva che in quella di remissione, altri studi non hanno riscontrato nessuna associazione [22].

Recentemente, in uno studio prospettico a 2 anni per determinare i predittori di recidiva in 101 pazienti con RRMS, le ricadute non erano predette da depressione o da ansia [23]. D'altra parte, l'impatto della depressione sull'andamento clinico-neurologico della SM è ancora da chiarire.

L'elevata frequenza di depressione in SM rimanda alla questione del suicidio e dei gesti autolesivi. A tal proposito, alcuni studi condotti in diversi Paesi del Nord Europa hanno riportato un tasso maggiore di suicidio in pazienti affetti da SM [3, 13, 24], raggiungendo valori 7,5 maggiori rispetto alla popolazione generale [24]. Il maggior rischio viene riscontrato in pazienti maschi, giovani, entro 5 anni dalla diagnosi iniziale di SM [13]. In un altro studio [3], è stata riscontrata una prevalenza *lifetime* di ideazione suicidaria del 28,6%, con un tasso del 6,4% di pazienti che hanno compiuto gesti autolesivi. Ad ogni modo, considerando la complessità clinica e psicopatologica delle cause di suicidio e al fine di ottenere un maggior chiarimento di questo aspetto, sono necessari ulteriori studi da condurre su un numero maggiore di pazienti assistiti in unità di cura differenti, e non solo in servizi ambulatoriali ad hoc per la SM.

4.1.4
Depressione e farmaci utilizzati nella SM

L'associazione tra depressione e terapia con interferone è stata oggetto di studio nonché interesse clinico già dai primi trial sperimentali relativi a tali farmaci. Inizialmente si è ritenuto che il trattamento mediante interferone costituisse un importante fattore di rischio nell'indurre o aggravare precedenti sintomi depressivi. Questo convincimento era basato su isolati *case report* di suicidio o tentativi di suicidio in pazienti trattati [25, 26].

Lo studio *Controlled High-Risk Subjects Avonex Multiple Sclerosis Prevention*

4

Study (CHAMPS), rispetto ai precedenti *case report*, ha consentito di trarre maggiori informazioni al riguardo: è stato riscontrato un tasso maggiore di prevalenza di depressione (20%) nei pazienti trattati con terapia interferonica rispetto al gruppo placebo (13%) [27]. Inoltre, lo studio longitudinale sulla depressione nella SM, condotto da Arnett e Randolph [28] ha riscontrato che i pazienti nei quali si era verificato un peggioramento della sintomatologia depressiva erano con maggiore probabilità quelli trattati con interferone beta e non quelli che non erano in trattamento. Però, studi successivi non hanno mostrato una correlazione tra il trattamento con interferone beta e insorgenza di depressione in pazienti con SM [29–32]. In particolare, lo studio PRISMS (Prevention of Relapses and Disability by Interferon beta 1-a Subcutaneously in Multiple Sclerosis) non ha riscontrato nessuna differenza, in termini di sintomatologia depressiva, tra il gruppo pazienti trattati e il gruppo placebo [30].

Infine, più recentemente, uno studio condotto da Porcel e coll. [33] ha analizzato lo stato emozionale di pazienti con SM trattati con interferon beta per un periodo di quattro anni, senza che venisse riscontrato un peggioramento dello stato emozionale durante terapia con interferone.

In conclusione, i dati provenienti dai vari trial farmacologici controllati non sembrano fornire conclusioni definitive al riguardo e la questione appare ancora controversa.

Altri farmaci sono utilizzati frequentemente sia per modificare il decorso della malattia sia per ovviare ai vari sintomi causati più o meno direttamente dalla SM. Per quanto riguarda il Glatiramer acetato e gli immunosoppressori non sembra che ci siano influenze significative sullo stato dell'umore.

I farmaci corticosteroidei sono utilizzati correntemente nella SM per il trattamento delle recidive. Gli effetti collaterali più frequentemente riportati in seguito alla somministrazione di farmaci di tale categoria sono l'agitazione psicomotoria, stati maniacali e sindromi psicotiche; non va trascurato, però, che uno stato depressivo si può presentare alla sospensione della terapia corticosteroidea, soprattutto se sono state utilizzate alte dosi. È stata anche descritta l'occorrenza di sintomatologia depressiva nel corso della terapia corticosteroidea.

Anche per altri farmaci comunemente usati nella SM (per esempio nella spasticità o nei disturbi urinari) sono stati ipotizzati effetti depressogeni. Nel caso dei farmaci per la spasticità (baclofen, benzodiazepine, tizanidina, dantrolene), fatta eccezione per una eccessiva sonnolenza, non sono documentati effetti collaterali di tipo depressogeno. Nel caso dei farmaci alfa-litici usati per le disfunzioni urinarie, sono state avanzate ipotesi in tal senso, anche se prove definitive sono del tutto insufficienti.

4.1.5
Depressione e fatica

L'associazione tra depressione e fatica è un altro punto di grande rilievo clinico. Infatti, va detto che non solo si tratta di due sintomi presenti spesso contemporaneamente, ma da lungo tempo si è tentato di ascrivere la depressione alla fatica o viceversa. La fatica è un sintomo somatico persistente, riportato da almeno il 75% dei pazienti con SM [34]; viene riferita dai pazienti attraverso differenti espressioni, quali, per esempio, uno schiacciante senso di stanchezza, una mancanza di energie o una sensazione di completo esaurimento, spossatezza, che di solito aumenta durante la giornata. La fatica è il sintomo che i pazienti identificano come il fattore in grado di interferire maggiormente con le attività quotidiane [35], si può verificare in qualsiasi fase di malattia [36], persino nei casi a prognosi più benigna [37], e sembra essere indipendente dalla disabilità o dalla presenza di deficit motori [36, 38, 39]. Sebbene alcuni studi abbiano messo in evidenza una correlazione positiva tra fatica e umore [34, 39], la relazione tra questi due aspetti nella SM non è stata ancora del tutto chiarita [40].

4.1.5.1
Patogenesi della depressione nella sclerosi multipla

Le moderne ricerche di brain imaging hanno identificato alterazioni strutturali o funzionali in numerose aree cerebrali durante un episodio depressivo maggiore, suggerendo l'esistenza di un'alterazione dei circuiti neurali in una varietà di regioni, come il cingolo anteriore e posteriore, la corteccia dorsolaterale prefrontale, i gangli basali, l'ippocampo, il talamo mediale, l'amigdala. Queste regioni sono deputate alla regolazione delle emozioni, del sonno, delle funzioni cognitive e autonomiche.

Ad oggi il DDM non può essere spiegato solamente in termini di una mera conseguenza di un singolo gene, o regione, o sistema neurotrasmettitoriale; piuttosto va concettualizzato come un "disturbo di sistema" in cui l'insorgenza di un episodio depressivo può essere letto come l'effetto netto di una disregolazione di questo network in seguito a stress cognitivi, emozionali o somatici. In particolare, può essere visto come il risultato di un'interazione funzionale maladattativa di un network altamente integrato coinvolgente le regioni cortico-limbiche, normalmente in grado di mantenere il controllo omeostatico emozionale in risposta a eventi stressanti.

Quanto detto a proposito della depressione in generale, diventa estremamente più complesso nel caso della depressione in corso di SM. Di fatto, una notevole molteplicità di meccanismi può determinare l'elevata prevalenza di depressione in pazienti con SM.

Innanzitutto, la depressione in corso di SM può essere considerata come una reazione allo stress in seguito alla diagnosi e alle incertezze legate alla prognosi e al futuro in generale. In assenza di un supporto sociale adeguato, e se le strategie di coping risultano inadeguate, la reazione allo stress si può rinforzare e perpetuare. Se il paziente non possiede le necessarie risorse psicologiche per rompere questo circolo vizioso, una depressione cronica si può sviluppare nel corso del tempo.

Alternativamente, la depressione può essere dovuta al fatto che i processi infiammatori propri della SM possono contribuire allo sviluppo o all'ingravescenza della depressione. Il rilascio di citochine pro-infiammatorie, come l'interferon-gamma, il TNF-alpha o l'interleuchina 6, può produrre sintomi che rinforzano una sottostante tendenza allo sviluppo di sintomi depressivi, come la perdita di appetito, i disturbi del sonno, astenia o perdita di peso. Inoltre, fattori biologici e psicologici possono interagire per esacerbare i sintomi depressivi; per esempio, lo stress conduce all'at-

4

tivazione dell'asse ipotalamo-ipofisario e del sistema nervoso simpatico, che a sua volta, in talune circostanze, può stimolare il sistema immunitario a rilasciare citochine pro-infiammatorie. In questo contesto, l'osservazione che la risoluzione di un episodio depressivo nella SM è accompagnato da una riduzione nella produzione di citochine pro-infiammatorie acquisisce un peso molto importante ed è in linea con una visione dinamica della relazione tra infiammazione del SN e depressione.

Alla luce dei dati emersi dallo studio dei pazienti con depressione idiopatica, le modificazioni strutturali nel cervello dei pazienti con SM, conseguenti ai processi di neurodegenerazione, possono contribuire allo sviluppo di depressione. Per i dettagli sui diversi lavori che hanno valutato le relazioni tra alterazioni anatomiche e funzionali di varie strutture cerebrali e la depressione si rimanda all'apposita sezione di questo capitolo.

Tra i vari aspetti che sono stati considerati allo scopo di chiarire l'eziologia della depressione nei pazienti con SM, ci sono anche i dati genetici: sulla base dei dati epidemiologici non sembrano esserci elementi a favore di una determinazione genetica [41]. Molto recentemente è stato ipotizzato un ruolo dei geni dell'apolipoproteina E nell'influenzare la situazione affettiva: Julian e coll. [42] riportano un ruolo protettivo della presenza dell'allele ε2 nei confronti dell'insorgenza di disturbi dell'umore.

A supporto dell'ipotesi della genesi multifattoriale della depressione in corso di SM, stanno i dati sul ruolo di specifici aspetti psicologici come la difficoltà a identificare le proprie emozioni [43], la percezione dell'incertezza della propria condizione di vita [44] e della variabilità connessa alla malattia [45], l'intrusività della malattia nei confronti delle attività di vita quotidiana [46–48].

Infine, anche per quanto riguarda i fattori sociali sono state riscontrate associazioni con lo stato dell'umore [49–52].

4.1.6
Valutazione

La valutazione clinica di un paziente con SM deve avvalersi di due momenti distinti ma entrambi fondamentali: la valutazione della sintomatologia relativa all'umore e la valutazione neuro-cognitiva.

Per il secondo aspetto si rimanda all'apposito capitolo.

4.1.6.1
Valutazione della sintomatologia depressiva

Il primo step è costituito dalla valutazione della sintomatologia depressiva, della qualità peculiare dell'umore, delle dimensioni psicopatologiche fondamentali che la caratterizzano. Particolare attenzione andrà posta su quei sintomi che si riscontrano meno frequentemente nella depressione in soggetti neurologicamente sani, ma che sono spesso una caratteristica peculiare dei pazienti con SM: l'irritabilità, l'ansia, la rabbia, i sintomi somatici e neurovegetativi. In quest'ultimo caso, il compito è ancora più arduo, in quanto, come accennato in precedenza, ascrivere un sintomo somatico, come l'astenia, a un puro correlato psicopatologico depressivo o, viceversa, a mero sintomo di carattere neurologico, ignorandone le possibili derivazioni psichiche, può essere rischioso per il clinico e dannoso per il paziente. Si tratta di un crinale evidentemente molto difficile, in cui i confini tra i due ambiti, quello propriamente psichiatrico e quello propriamente neurologico non sono netti.

Al fine di compiere una corretta valutazione psicopatologica volta a definire la presenza o meno di un quadro clinico depressivo, il colloquio clinico svolge un ruolo fondamentale: esso consentirà di appurare sia i sintomi soggettivi del paziente (la tristezza, l'ansia, la perdita di piacere o di interesse così come riferiti dal soggetto), sia i sintomi obiettivi (la mimica appiattita, lo sguardo preoccupato, il grado di trascuratezza personale, il tono della voce basso e monotono, la presenza di un rallentamento psicomotorio o, nel caso delle forme cosiddette agitate, di una agitazione psicomotoria).

Il colloquio clinico dovrà inoltre avvalersi di una serie di test da compilare da parte dell'operatore o del paziente:

- *Beck Depression Inventory* (BDI) [53]: è un breve questionario formato da 21 items descrittivi di sintomi e di atteggiamenti osservati nel corso di colloqui con pazienti depressi. L'assunto di base è che il numero, la frequenza e l'intensità dei sintomi siano direttamente correlati con la profondità della depressione. La teoria interpretativa è che i disturbi depressivi siano la conseguenza di una strutturazione cognitiva che induce il soggetto a vedere se stesso e il suo futuro in una luce negativa. La BDI è lo strumento di valutazione della depressione più utilizzato nei lavori sulla SM. Alla luce della possibile riconducibilità diretta alla SM di alcuni sintomi della depressione, sono stati effettuati studi sul peso dei vari item della BDI e ne sono state proposte versioni modificate;

- *Hamilton Depression Rating Scale* (HDRS) [54]: scala che indaga 21 diverse aree che sono determinanti per la valutazione dello stato depressivo del soggetto. Le aree sono: umore depresso, senso di colpa, idee di suicidio, insonnia iniziale, insonnia intermedia, insonnia prolungata, lavoro e interessi, rallentamento di pensiero e parole, agitazione, ansia di origine psichica, ansia di origine somatica, sintomi somatici gastrointestinali, sintomi somatici generali, sintomi genitali, ipocondria, introspezione, perdita di peso, variazione diurna della sintomatologia, depersonalizzazione, sintomatologia paranoide, sintomatologia ossessiva.

Le scale sopra menzionate, sebbene ampiamente le più diffuse, non "coprono" sufficientemente l'area della sintomatologia somatica, che, come visto in precedenza, rappresenta una dimensione importante all'interno del quadro depressivo. A tal proposito e per tenere conto dei problemi di sovrapposizione, sono state sviluppate nuove scale. La più importante tra queste è la *Chicago Multiscale Depression Inventory* (CMDI) [55]. La possibilità di utilizzare la CMDI o altre simili costituisce un fattore di grande importanza in quanto consente una caratterizzazione più peculiare del DDM in corso di SM.

4

4.1.6.2
Valutazione per l'ansia

Anche per quanto riguarda i disturbi d'ansia, un ruolo fondamentale è svolto dal colloquio clinico, sia per la raccolta dei dati anamnestici che per la valutazione della semeiotica collegabile a tali disturbi. I dati anamnestici, raccolti dal paziente e, se possibile, da altri soggetti che vivano in suo stretto contatto, rappresentano un elemento discriminante per l'identificazione dei sintomi e il raggiungimento degli opportuni criteri diagnostici. Per quanto riguarda gli elementi che possono essere direttamente colti durante il colloquio, va notato che spesso i sintomi ansiosi non pervasivi si attenuano alla presenza del professionista, forse a causa del senso di sicurezza e di speranza che il paziente vive in sua presenza. Diverso è il discorso se l'osservazione si svolge nel momento della acuzie di un qualsiasi disturbo ansioso.

Come per il caso della depressione, la valutazione può avvalersi di una delle numerose scale strutturate che permettono di raccogliere sistematicamente informazioni sulla presenza dei sintomi chiave. Riportiamo, al proposito, 2 esempi:
- *State Trait Anxiety Inventory* (STAI) [56]: la STAI è l'inventario di ansia stato-tratto; si compone di due brevi subtest (20 items ognuno), a ciascuno dei quali si risponde su una scala a quattro livelli d'intensità: il subtest X-I si riferisce allo "stato" d'ansia nel momento in cui il test viene somministrato; il subtest X-2 misura l'ansia come "tratto", cioè la tendenza del soggetto a produrre reazioni ansiose in condizioni specifiche;
- una scala che è stata oggetto recentemente di un lavoro di validazione anche nei pazienti con SM è la *Hospital Anxiety and Depression Scale*, la quale come indica il nome è in grado di valutare anche gli aspetti del disturbo depressivo [57].

4.1.7
Terapia

La depressione in corso di SM appare essere sotto-diagnosticata e sotto-trattata dai neurologi. Un recente studio condotto su 260 pazienti ha mostrato come addirittura il 26% aveva i criteri per DDM; di questa grossa percentuale, il 66% non ha mai ricevuto nessun trattamento antidepressivo e il 4,7% ha ricevuto un trattamento antidepressivo inadeguato [58]. A dispetto dello sviluppo di strumenti facilmente accessibili e semplici nell'utilizzo, gli screening finalizzati all'individuazione di sintomi depressivi ad oggi non sono ampiamente adottati.

Il trattamento per la depressione in persone con SM dovrebbe essere individualizzato e coinvolgere la psicoterapia, la psicofarmacologia, o una combinazione di entrambe [59].

4.1.7.1
Farmacoterapia

Sebbene l'uso degli antidepressivi sia comune tra le persone con SM [60], la letteratura sulla loro efficacia, in questa popolazione, è scarsa e prevalentemente aneddotica [61, 62].

In un trial clinico in doppio cieco su 28 pazienti con SM e DDM, 14 pazienti sono stati randomizzati a ricevere un trattamento con un antidepressivo triciclico, la desipramina, e psicoterapia individuale per 5 settimane oppure con farmaco placebo più psicoterapia. Al follow-up clinico i pazienti trattati con desipramina sono migliorati in maniera clinicamente significativa rispetto al gruppo placebo. Tale miglioramento è stato confermato dalla riduzione del punteggio alla HDR-S ma non al BDI. Tuttavia, gli effetti collaterali legati alla desipramina hanno comportato la limitazione del dosaggio in almeno la metà dei pazienti trattati [63].

Uno studio più recente ha paragonato l'efficacia di un trattamento psicoterapico di tipo cognitivo-comportamentale, un trattamento psicoterapico di supporto di gruppo e un trattamento con un inibitore selettivo della ricaptazione della serotonina (SSRI), la sertralina. Sebbene tutti e tre i trattamenti abbiano determinato una riduzione dei punteggi alla BDI, la sertralina e la terapia cognitivo-comportamentale si sono dimostrate superiori alla psicoterapia di supporto.

Ehde e coll. [64] riportano i risultati di un trial randomizzato, controllato, in doppio cieco su 42 pazienti con SM, di cui la metà trattata con paroxetina fino a una dose di 40 mg/die e la metà con placebo. Nonostante siano stati valutati, oltre alla depressione, anche l'ansia, la fatica e la qualità della vita, dal confronto tra i due gruppi emergono poche differenze significative circa aspetti psico-sociali e cognitivi.

La scelta dell'antidepressivo, tuttavia, non deve essere solo guidata dalle prove di efficacia, ma deve anche basarsi su un attento esame dei possibili effetti collaterali che possono insorgere.

I più comuni effetti collaterali degli SSRI riguardano i problemi sessuali, il mal di testa, la nausea, l'insonnia, l'ansia. Nel caso dei triciclici, come la desipramina, l'amitriptilina, la nortriptilina, è possibile che si determinino effetti collaterali tali da peggiorare addirittura i sintomi della SM, come la sonnolenza, la costipazione o le difficoltà nella minzione. Per questo motivo, non sono generalmente usati come farmaci di prima scelta nel trattamento della depressione. A ogni modo, per la depressione farmaco-resistente essi possono essere usati da soli o in combinazione con altri farmaci.

Diverse sono le conclusioni che possono essere tratte dalla letteratura disponibile sulla farmacoterapia per la depressione nella SM. Innanzitutto, gli antidepressivi sono generalmente in grado di ridurre la severità della sintomatologia depressiva e dovrebbero essere considerati nel trattamento del DDM in questa popolazione di pazienti. Tuttavia, sebbene i sintomi depressivi possano rispondere alla farmacoterapia, non necessariamente risultano in una completa remissione dei sintomi per tutti gli individui con SM che li assumono. La ricerca sui metodi per identificare i pazienti con SM o i sintomi che sono particolarmente responsivi al trattamento antidepressivo migliorerebbe il trattamento del DDM in questi pazienti. Date le caratteristiche cliniche della SM, gli effetti collaterali degli antidepressivi possono essere partico-

4

larmente intensi, e condurre a tassi maggiori di non aderenza e a una prematura interruzione del trattamento più frequentemente nella pratica clinica che nei trial. Le ridotte dimensioni dei campioni studiati nei trial suggeriscono che vi sia difficoltà ad arruolare grandi numeri di pazienti; per questo motivo la ricerca clinica futura dovrà indirizzarsi verso la costruzione di trial clinici multicentrici.

4.1.7.2
Psicoterapia

I trial clinici hanno dimostrato l'efficacia della terapia cognitivo comportamentale (CBT) per il trattamento del DDM nei soggetti con SM [65, 66]. In questi studi, i tassi di risposta alla CBT sono stati uguali o maggiori rispetto ai tassi di risposta agli antidepressivi o ad altre modalità di psicoterapia, con una percentuale di risposta pari circa al 50% dei pazienti. Inoltre, i tassi di drop out sono stati molto bassi (5%) [66]. Studi recenti hanno anche mostrato che la CBT condotta via telefono è più efficace sulla depressione nei pazienti con SM rispetto all'usual care [65] e rispetto a una terapia di supporto condotta via telefono [67]. La CBT condotta telefonicamente sembra promettente grazie al miglior rapporto costo-beneficio e alla possibilità di superare le comuni barriere del trattamento faccia a faccia: la fatica, lo stigma, le questioni logistiche (mancanza di accesso al trattamento, il trasporto). La psicoterapia interpersonale o comportamentale non è stata empiricamente valutata come trattamento antidepressivo nella letteratura della SM. Il *Goldman Consensus Group* [59] ha evidenziato che la psicoterapia, in particolare la CBT, può costituire un trattamento valido per i pazienti affetti da SM e depressione. Infatti, dal momento che le abilità acquisite attraverso la CBT producono miglioramenti che vanno al di là degli effetti aspecifici di una psicoterapia di supporto [66], la CBT standard per la depressione può essere considerata come il trattamento di scelta.

4.1.7.3
Esercizio fisico

Sebbene l'esercizio fisico non sia stato formalmente studiato come trattamento per la depressione maggiore nella SM, tuttavia esso ha ampi effetti benefici tra le persone con SM: miglioramento dell'umore, del dolore cronico, della fatica, della qualità della vita, del funzionamento sessuale e psicosociale [68]. L'effetto dell'esercizio fisico sul DDM è stato studiato su soggetti sani, persone con disturbi di tipo psichiatrico e anziani. In alcuni studi, l'esercizio fisico appare avere un'efficacia pari alla terapia antidepressiva e alla psicoterapia per depressioni lievi-moderate. L'esercizio fisico è stato associato con minori tassi di ricadute rispetto alla farmacoterapia. Un esercizio moderato (camminare 20 minuti al giorno ad un battito cardiaco pari al 60% di quello massimo) è risultato avere una maggiore efficacia rispetto a un esercizio fisico più vigoroso e risulta associato a minori tassi di drop out [69].

4.2
Mania
Alberto Siracusano, Cinzia Niolu, Michele Ribolsi, Lucia Sacchetti

4.2.1
Epidemiologia

I disturbi della sfera emotivo-affettiva nella SM sono stati descritti per la prima volta da Charcot nel 1877.

Recenti studi epidemiologici rilevano una prevalenza e un'incidenza di sintomi psichiatrici in pazienti affetti da SM significativamente maggiori rispetto ad individui portatori dello stesso grado di disabilità [70–72].

Sulla base degli studi finora compiuti, come abbiamo visto in precedenza, il disturbo psichiatrico più frequente in questi pazienti è rappresentato dalla depressione unipolare [1], la cui prevalenza, compresa tra il 14 e il 57% [72], è maggiore sia rispetto a quella della popolazione generale, che dei pazienti con altre malattie mediche [73] o neurologiche [74].

Nonostante di più rara osservazione rispetto alla depressione unipolare, anche la prevalenza del disturbo bipolare (DB) in pazienti affetti da SM sembra essere maggiore rispetto a quella riscontrata nella popolazione generale, sia in studi retrospettivi [75, 73] che prospettici [76]. Episodi maniacali a volte rappresentano i sintomi di esordio della malattia neurologica [77].

La relazione tra SM e DB è complessa. Solo recentemente l'argomento è diventato motivo di studio e di ricerca scientifica e gli studi epidemiologici di comorbilità sono ancora limitati.

La prevalenza *lifetime* del DB I è dell'1% [78]. Negli Stati Uniti l'incidenza del DB nella popolazione generale arriva all'1,2% nel sesso maschile ed è leggermente maggiore nel sesso femminile (1,8%) [79]. Riferendosi ai disturbi compresi nello spettro bipolare, ovvero quella serie di sindromi cliniche più moderate rispetto al DB I, i tassi di prevalenza arrivano al 4% [80], in alcuni studi anche all'8% [81].

Una delle principali evidenze dell'associazione esistente tra mania e SM è rappresentata dallo studio di Schiffer e coll. [82], effettuato su una popolazione di 702.238 abitanti di Monroe County (New York). Gli autori hanno stimato un rischio *lifetime* di DB dello 0,77%, una prevalenza della SM pari a 100:100.000 e una tasso di comorbidità uguale a 5.4. I risultati dello studio dichiarano che il rischio *lifetime* di sviluppare il DB nei pazienti con SM è due volte maggiore rispetto alla popolazione generale.

Joffe e coll. [75] in un gruppo di 100 pazienti con diagnosi di SM ha evidenziato che il 13% soddisfaceva i criteri per il DB.

Questi dati sono rafforzati da studi di coorte più recenti come quelli di Edwards e Constantinescu [76], che confermano la maggiore incidenza di DB in pazienti con SM.

Gli studi focalizzati sull'identificazione della natura di questa associazione sottolineano il ruolo della predisposizione genetica, degli effetti avversi delle terapie

4

farmacologiche e della localizzazione ed estensione delle lesioni demielinizzanti responsabili di una mania secondaria a una condizione medica [83].

4.2.2
Aspetti clinici

Sintomi neuropsichiatrici sono presenti nella maggior parte dei pazienti con SM, soprattutto nelle fasi iniziali della malattia; essi contribuiscono in modo significativo nel determinare il progressivo peggioramento del decorso dei sintomi neurologici, aumentando il livello di disabilità del paziente e aggravando le conseguenze che il disturbo determina a livello familiare, sociale e lavorativo. Per questo il riconoscimento precoce e una gestione efficace di tali disturbi rappresentano una parte essenziale del trattamento, con l'obiettivo di migliorare la qualità della vita. Questo evidenzia l'importanza di un approccio multidimensionale, che comprenda il neurologo, lo psichiatra, lo psicologo e il riabilitatore psichiatrico.

Sintomi neuropsichiatrici sono stati identificati nel 95% dei pazienti affetti da SM [84], soprattutto agli stadi iniziali e di media gravità [85]. Evidente è la correlazione tra la severità della sintomatologia psichiatrica, il livello di disabilità determinato dal quadro neurologico, la qualità della vita del paziente e lo stress del caregiver [86].

4.2.2.1
Comorbidità tra SM e DB

Il disturbo bipolare comprende una serie di sindromi la cui caratteristica principale è rappresentata da oscillazioni del tono dell'umore di tipo patologico, alternativamente nel versante del dolore e dell'euforia.

Fu Ippocrate il primo a descrivere sistematicamente la mania e la melanconia. Nell'Ottocento Jean-Pierre Falret definiva un'entità distinta di disturbo mentale denominata *folie circulaire*, caratterizzata da cicli continui di depressione, mania e intervalli di eutimia. Nello stesso periodo Baillanger delineò il concetto di *folie a double forme*, nella quale mania e melanconia evolvevano l'una nell'altra. Alla fine dell'Ottocento Emil Kraepelin, padre della psichiatria moderna, stabilì la dicotomia tra *dementia praecox* e "malattia maniaco-depressiva" e fornì un enorme contributo per la comprensione, la diagnosi e la prognosi di quest'ultima.

Attualmente il disturbo bipolare viene diagnosticato secondo i criteri del DSM-IV-TR (*Diagnostic and Statistical Manual of Mental Disorders*) [16] sia nella pratica clinica che nella ricerca scientifica.

Il DSM-IV-TR classifica 4 diverse tipologie di DB: il DB I (caratterizzato dall'alternanza ciclica di episodi depressivi e maniacali o misti o dalla sola presenza di ricorrenti episodi maniacali); il DB II (caratterizzato dall'alternarsi di episodi depressivi e ipomaniacali); il disturbo ciclotimico (caratterizzato da un'alterazione cronica dell'umore, con alternanza di ipomania e depressione moderata, presente consecutivamente per almeno due anni) e il disturbo bipolare non altrimenti specificato.

L'età media di esordio è di 18 anni per il DB I e di 22 anni per il DBII.

Nei pazienti affetti da SM la mania non ha caratteristiche cliniche peculiari [87], quindi se escludiamo i sintomi e i segni neurologici, la psicopatologia della mania è la medesima rispetto ai pazienti non affetti da SM [88, 89]: umore euforico, con esaltazione dei sentimenti vitali piacevoli, o irritabile e disforico, eccesso di energia, logorrea, insonnia, agitazione psicomotoria, impulsività, grandiosità.

Il comportamento maniacale è contrassegnato da uno stato di eccitamento che investe le sfere cognitive, oltre a quelle affettive e pulsionali e si traduce nella mimica, nella gestualità, nel linguaggio e nelle azioni.

Nel DSM IV l'episodio maniacale viene descritto come "un periodo definito di umore anormalmente e persistentemente euforico, espansivo o irritabile, con un netto cambiamento rispetto al tono dell'umore che il soggetto ha abitualmente, della durata di almeno una settimana, associato ad un'autostima aumentata o grandiosità, diminuito bisogno di sonno, maggiore loquacità del solito o logorrea, fuga delle idee, distraibilità, aumento dell'attività finalizzata (sociale, lavorativa, scolastica o sessuale), eccessivo coinvolgimento in attività ludiche che hanno un'alto potenziale di conseguenze dannose". Nella descrizione dei criteri diagnostici sono presenti delle specifiche di gravità (lieve, moderato e grave con o senza manifestazioni psicotiche) e di decorso (ad andamento stagionale, a cicli rapidi).

L'interesse riguardo alla necessità di distinguere i sintomi affettivi organici da quelli funzionali, identificare caratteristiche peculiari nell'esordio e nell'evoluzione del DB in pazienti con SM e identificare meccanismi eziopatogenetici comuni tali da giustificare l'alto tasso di comorbilità tra i due disturbi ha portato alla pubblicazione scientifica di una serie di *case report*.

Qui presentiamo tre casi di SM in comorbilità con il DB, diagnosticato secondo i criteri del DSM-IV-TR [83].

Il primo caso descritto è quello di una donna di 43 anni con diagnosi di DB avanzata all'età di 18 anni che successivamente ha sviluppato una SM primariamente progressiva.

L'anamnesi psichiatrica riporta episodi depressivi caratterizzati da tristezza, anedonia, apatia, ritiro sociale e riduzione dell'appetito, seguiti da episodi maniacali con elevazione del tono dell'umore, grandiosità, iperattività e riduzione del bisogno di sonno. Impostata una terapia con carbolitio si è avuta la remissione della sintomatologia; la donna non ha mai effettuato ricoveri di tipo psichiatrico.

Secondo gli autori, in questo caso, è l'associazione casuale la spiegazione più probabile per giustificare questa comorbidità, essendo la SM una malattia neurologica con una prevalenza di 15 casi su 100.000 abitanti rispetto all'1 su 100 del DB.

La seconda ipotesi è quella che identifica il disturbo dell'umore come la sintomatologia di esordio della SM, che qui precede la sintomatologia neurologica. Nonostante sia meno probabile, ci sono studi che sostengono questa possibilità, come quello di Hutchinson e coll. [90] che riporta sette casi di pazienti con diagnosi di DB precedente all'esordio della SM. Più recentemente Asghar-Ali e coll. [88] descrivono due casi che presentavano sintomi maniaco-depressivi, con diagnosi di SM in assenza di sintomi motori, sensitivi o neurovegetativi durante il follow-up, quindi con la sola evidenza radiologica delle lesioni della mielina, avvalorando l'origine seconda-

4

ria, ovvero organica, della sintomatologia psichiatrica.

Il corollario di queste osservazioni è che i sintomi maniacali possono rappresentare il quadro clinico di esordio della SM, o far parte delle manifestazioni cliniche della malattia durante il suo decorso. Quindi la SM va inclusa tra le diagnosi differenziali del DB.

Gli altri due *case report*, viceversa, descrivono l'insorgenza del DB in pazienti affetti rispettivamente da SM secondariamente progressiva e SM recidivante-remittente.

In entrambe l'attenzione degli autori è stata posta soprattutto sulla relazione tra sintomi psichiatrici, deficit neurologici e localizzazione delle lesioni, a supporto dell'ipotesi dell'origine psicorganica della mania.

Il primo dei due casi è relativo a un paziente con esordio della SM all'età di 43 anni con parestesie agli arti inferiori. Per cinque anni il decorso della malattia è caratterizzato da riacutizzazioni con sintomi motori, cerebellari e spinali, resistenti al trattamento con interferone β, in concomitanza a una sintomatologia depressiva il cui decorso è parallelo a quello neurologico. Successivamente la malattia evolve in una SM secondariamente progressiva, con un EDSS di 6,5. In questa fase viene descritto un cambiamento nel comportamento abituale del paziente, con elevazione del tono dell'umore, irritabilità, agitazione psicomotoria e idiorrea, in assenza di sintomi psicotici, come deliri o allucinazioni.

Nel secondo caso si trattava di una paziente con SM recidivante-remittente nella quale, dopo quattro anni dalla diagnosi di SM, viene descritto un episodio maniacale con euforia, iperattività, insonnia e logorrea. In questo caso tale sintomatologia comportamentale è associata meno chiaramente a un peggioramento della sintomatologia neurologica indicativo di una ricaduta.

Anche se nel primo caso è più evidente lo sviluppo parallelo dell'episodio maniacale con la progressione della sintomatologia neurologica, in entrambi i casi la MRI rileva la presenza di lesioni multiple, iperintense in T2, localizzate principalmente a livello periventricolare e della sostanza bianca sottocorticale, oltre ad una moderata e diffusa atrofia corticale (frontale e temporale).

Quanto descritto è compatibile con l'assunto che le oscillazioni dell'umore siano associate alla presenza di lesioni demielinizzanti localizzate a livello di circuiti cerebrali coinvolti con la regolazione del tono dell'umore, anche in assenza di una chiara correlazione con l'attività delle lesioni; gli autori concludono che il ruolo dei fattori biologici è centrale nel determinare la sintomatologia psichiatrica in questo tipo di pazienti [83].

I circuiti cerebrali principalmente coinvolti nel controllo del comportamento umano sono localizzati a livello della corteccia prefrontale (dorsolaterale e orbitofrontale) e a livello del circuito mediale frontostriatale, possibili siti di localizzazione delle lesioni demielinizzanti della SM. I tre casi descritti presentavano lesioni multiple a livello della sostanza bianca sottocorticale, soprattutto a livello della regione frontale e atrofia corticale, quindi l'alterazione di questi circuiti giustifica la sintomatologia psichiatrica osservata e sostiene la correlazione tra sintomi maniacali e disfunzioni neuro-anatomiche. Per esempio, lesioni a livello del circuito orbitofrontale, responsabile dell'empatia e dell'inibizione dei comportamenti socialmente inappropriati, potrebbero essere responsabili dell'impulsività e della disforia, caratteristiche dell'episodio maniacale.

Un'ulteriore ipotesi considerata è che le oscillazioni dell'umore possano essere secondarie al trattamento farmacologico della SM, e non alla malattia stessa; come sostenuto da ulteriori studi, gli effetti collaterali di tipo comportamentale causati da una terapia sistemica con corticosteroidi sono comuni [91].

Una metanalisi dei dati sulle reazioni avverse in pazienti non affetti da SM, trattati con corticosteroidi, evidenzia reazioni gravi nel 6% dei casi e moderate nel 28% [91]. Gli effetti collaterali di tipo psichiatrico più comuni includono sintomi maniacali, depressivi o misti [92].

Pazienti sottoposti a terapia con corticosteroidi a breve termine tendono a presentare principalmente euforia e sintomi ipomaniacali, mentre la terapia a lungo termine viene associata con lo sviluppo di sintomi depressivi [93].

Studi su pazienti affetti da SM trattati con corticosteroidi o ACTH riportano che il 40% dei soggetti sviluppa sintomi depressivi, il 31% ipomaniacali, l'11% uno stato misto e il 16% sintomi di tipo psicotico [94, 95].

L'ACTH appare essere più potente rispetto al prednisolone nell'indurre ipomania o mania.

Nonostante gli studi sull'eziopatogenesi dell'associazione tra DB e SM siano ancora limitati, l'attenzione è posta sulla ricerca di una suscettibilità genetica comune a entrambe le condizioni. I risultati sul contributo della vulnerabilità genetica nell'insorgenza del DB in pazienti con SM sono poveri e contraddittori [75, 96].

Il sistema HLA, che controlla la risposta immunitaria, è implicato nella vulnerabilità alla maggior parte dei disturbi a patogenesi immunitaria. Come visto nella sezione sull'eziopatogenesi, molti studi riportano un aumento della frequenza di determinati antigeni HLA in pazienti con SM.

Lo studio di Schiffer e coll. [96] è stato il primo a indagare la relazione tra SM e disturbi dell'umore. In un gruppo di 56 pazienti gli autori hanno evidenziato un aumento della frequenza dell'HLA-DR5 e una riduzione dell'HLA-DR1 e dell'HLA-DR4 nei pazienti bipolari con SM e familiarità per disturbi affettivi.

Studi più recenti come quello di Bozikas e coll. [97] identificano l'aplotipo HLA-DR2 come possibile locus di suscettibilità per il DB in pazienti affette da SM e DB con familiarità per il DB.

Nonostante questi risultati richiedano ulteriori validazioni e investigazioni sui fattori che correlano la SM al DB, questi studi supportano l'ipotesi che geni appartenenti al sistema HLA situati sul cromosoma 6 possano costituire uno degli elementi coinvolti nell'eziologia multifattoriale del DB e della SM. Studi più recenti hanno focalizzato l'attenzione sui polimorfismi del gene per il trasportatore della serotonina come ipotetici loci di suscettibilità per entrambe le condizioni [98, 99].

4.2.3
Valutazione

La diagnosi di mania si basa sulla presenza di segni e sintomi che rispondano ai criteri dell'episodio maniacale o ipomaniacale secondo il DSM-IV-TR. Uno degli strumenti di tipo psicometrico che permette di ottenere informazioni obiettive e condi-

4

visibili sulle condizioni cliniche del paziente e di monitorare il decorso sintomatologico è la *Mania Rating Scale-MRS* [100].

È una scala di 11 item che esplora i sintomi chiave della mania (l'umore, l'attività motoria, i disturbi quantitativi e formali del pensiero, la capacità critica, l'aggressività, la libido, il sonno e l'atteggiamento generale). La valutazione della gravità è fatta sulla base di ciò che il paziente riferisce circa le proprie condizioni nelle ultime 48 ore e sull'osservazione del comportamento fatta dal clinico durante l'intervista (con una relativa priorità per quest'ultima). La scala deve essere usata solo come uno strumento di valutazione quantitativa della mania e non come uno strumento diagnostico. La scala è stata specificamente creata per la valutazione della sintomatologia maniacale e delle sue modificazioni sotto trattamento ed è perciò previsto che debba essere impiegata almeno al pre e al post-trattamento e a tutti gli intervalli di tempo intermedi.

I disturbi bipolari pongono importanti problemi di diagnosi differenziale.

Innanzitutto è importante distinguere la mania dall'ipomania sulla base dell'assenza, nell'ipomania, di sintomi psicotici, della minore gravità sintomatologica, della durata dell'episodio, della non significativa riduzione delle funzioni sociali e lavorative dell'individuo legate alla sintomatologia psichiatrica.

Inoltre, i confini diagnostici tra stati misti, mania e depressione non sono netti e rappresentano forse l'aspetto più complesso nell'inquadramento della patologia bipolare.

Nei quadri di eccitamento maniacale con manifestazioni psicotiche è difficile differenziare clinicamente le fasi acute di mania dalla schizofrenia. Fondamentale è l'osservazione del decorso longitudinale della malattia: utile per orientare la diagnosi verso un quadro bipolare è la presenza dell'elevazione del tono dell'umore, la familiarità per disturbi affettivi e la minore presenza di sintomi negativi, caratteristica dei disturbi psicotici. Brevi episodi psicotici possono essere una manifestazione clinica della SM [101]. Feinstein e coll. [102], sulla base di dati clinici e di RM, affermano che i sintomi psicotici sono tipicamente transitori, più frequenti nella fase tardiva della malattia e quindi associati a un'età di esordio più avanzata rispetto alla popolazione sana. Pazienti che sviluppano una sintomatologia psicotica generalmente presentano lesioni estese a livello del corno temporale del ventricolo laterale.

Un'ulteriore differenziazione riguarda il disturbo borderline di personalità che presenta periodi di alterazione del tono dell'umore, principalmente nel senso di umore labile e irritabile. L'esordio precoce e il quadro clinico persistente sono due elementi che aiutano a distinguere il disturbo di personalità da un disturbo di asse I.

Nel caso di pazienti affetti da SM l'origine organica del quadro di elevazione del tono dell'umore può essere confermata dall'età di esordio più avanzata e dall'assenza di familiarità per patologie affettive, oltre che per la correlazione temporale tra i due disturbi.

Due quadri clinici che si riscontrano in pazienti affetti da SM, e che devono essere distinti dalla mania bipolare, sono la demenza che comporta disinteresse per la malattia e uno stato di euforia, definita anche euforia sclerotica, in pazienti con un alto grado di disabilità [103] ed estese lesioni cerebrali [104]; la sindrome affettiva pseudobulbare, caratterizzata da crisi di pianto e/o di riso improvvise e involontarie, in assenza della sensazione soggettiva di depressione o euforia, con deterioramento intellettivo, disfagia, disfonia, disartria e associata con lesioni estese a livello della corteccia prefrontale [105, 106].

Questi disturbi sono riportati rispettivamente nel 25% e nel 10% dei pazienti.

Inoltre in letteratura sono descritti casi in cui la sintomatologia psichiatrica prevalente è caratterizzata da modificazioni del comportamento come confabulazioni, ideazione paranoidea, belligeranza, ipersessualità, sindrome di Kluwer-Bucy e condotte di abuso che vanno differenziati da possibili sintomi maniacali.

4.2.4
Terapia

Il trattamento dei disturbi psichiatrici nella SM deve innanzitutto avere un approccio integrato e specifico per ogni singolo paziente. La comunicazione della diagnosi, l'informazione su meccanismi di azione, efficacia ed effetti collaterali dei trattamenti farmacologici, sul decorso e la prognosi della malattia sono il primo step nella gestione del paziente; la consapevolezza dell'esistenza di terapie sintomatiche che possano agire sugli aspetti psicologici della malattia è un messaggio di speranza per questo tipo di pazienti.

Le strategie terapeutiche includono la psicoterapia e la terapia farmacologica.

I presidi terapeutici per la SM sono descritti in letteratura [107]. Attualmente lo stato dell'arte non ci fornisce delle linee guida per il trattamento dell'episodio maniacale in pazienti affetti da SM. Lo studio dei casi clinici pubblicati in letteratura suggerisce l'uso di stabilizzanti dell'umore (carbolitio, acido valproico, carbamazepina), antipsicotici e benzodiazepine [108, 109] e non evidenziano interazioni farmacologiche rilevanti con la principale terapia della SM, quella interferonica.

Secondo le linee guida dell'*American Psychiatric Association* (APA), i trattamenti farmacologici di prima linea sono il litio o l'acido valproico in monoterapia (stabilizzanti dell'umore di seconda scelta sono carbamazepina e oxcarbamazepina) o in associazione con un antipsicotico, preferibilmente atipico, per i minori effetti collaterali, come olanzapina o risperidone. Un trattamento a breve termine con BDZ può essere utile soprattutto nella fase iniziale della terapia o nelle fasi di eccitazione psicomotoria. Il trattamento psicoterapeutico va sempre associato a quello farmacologico.

Nei casi di mania indotta dal trattamento steroideo viene indicata una profilassi con l'uso del carbolitio e la riduzione progressiva del trattamento con corticosteroidi [110].

4.3
Neuroimaging nei disturbi dell'umore
Antonio Gallo, Gioacchino Tedeschi

Sebbene fino a qualche tempo fa si pensasse che i disturbi dell'umore in corso di SM fossero di natura esclusivamente reattiva, gli studi basati sulle neuroimmagini,

4

condotti negli ultimi anni, hanno prodotto evidenze scientifiche sufficienti a supportare una base neurobiologica per tali disturbi.

In uno dei primi lavori [111] condotti con il supporto delle neuroimmagini (la TAC
dell'encefalo), gli autori riassumevano i risultati dello studio elencando i punti a favore del ruolo eziologico del danno strutturale encefalico nella genesi dei disturbi
affettivi in corso di SM: 1) i pazienti affetti da SM mostravano disturbi della sfera
emotiva più evidenti del gruppo di controllo, pur essendo quest'ultimo costituito da
pazienti con grave disabilità secondaria a lesioni spinali; 2) nell'ambito dei pazienti affetti da SM, coloro che presentavano un evidente coinvolgimento cerebrale avevano un'alterazione della sfera emotiva più marcata dei pazienti con esclusivo coinvolgimento spinale; 3) l'entità delle turbe della sfera affettiva risultava correlata
alla severità del deficit neurologico piuttosto che al grado di disabilità. Per quanto
riguarda i dati neuroradiologici, che pure erano fortemente limitati dalla bassa sensibilità della metodica utilizzata, questi mostravano un significativo allargamento dei
ventricoli laterali nei soggetti con deficit cognitivi e con disforia.

Gli studi successivi, basati per lo più sulla RM cerebrale, hanno poi consentito
di valutare l'associazione tra la distribuzione spaziale delle lesioni focali iperintense in T2 e la presenza di sintomi psichiatrici e/o depressivi in corso di SM. In uno
dei primi lavori condotti in tal senso i risultati mostravano una correlazione significativa tra il carico lesionale a livello dei lobi temporali e la presenza/severità dei disturbi neuropsichiatrici [112]. A simili conclusioni sono giunti anche studi più recenti e raffinati che hanno evidenziato un prevalente interessamento del lobo temporale destro nei soggetti depressi affetti da SM [113–115]. Lo studio di Di Legge e coll.
[115], in particolare, oltre a mostrare una più elevata incidenza di sintomi depressivi nei pazienti con CIS suggestive di SM all'esordio rispetto alla popolazione di controllo, ha riscontrato anche una significativa correlazione tra carico lesionale a livello temporale destro ed entità dei disturbi depressivi.

Partendo da questi dati e da altre evidenze in favore di un danno frontale e temporale nei pazienti affetti da depressione, Pujol e coll. [116] hanno focalizzato la loro attenzione sul danno delle strutture di connessione fronto-temporale nei pazienti
con SM. I risultati hanno mostrato una significativa correlazione tra il carico lesionale misurato a livello del fascicolo arcuato sinistro e l'entità dei sintomi depressivi.

Uno studio unico nel suo genere ha valutato invece la correlazione tra disturbi
della sfera affettiva, in particolare depressione e ansia, e due differenti parametri: 1)
l'attività di malattia, misurata con la conta delle lesioni captanti il gadolinio visibili nelle immagini RM pesate in T1; 2) la disfunzione dell'asse ipotalamo-ipofisi-surrene valutato con un test di stimolazione ipofisaria post-inibizione con desametazo-
ne. I risultati di questo lavoro sembrerebbero suggerire che i pazienti con maggiore
attività di malattia o con maggiore disfunzione dell'asse ipotalamo-ipofisi-surrene
siano anche quelli con disturbi affettivi più accentuati [117]. Questi dati, anche alla
luce della scarsa correlazione con gli indici di disabilità neurologica, supporterebb-
bero ancora una volta l'ipotesi di una relazione patogenetica tra danno strutturale/bio-
logico e disturbi affettivi in corso di SM.

Un altro contributo significativo è venuto dal lavoro di Bakshi e coll. [118] che
hanno studiato con la RM una popolazione di pazienti affetti da SM in cui la depres-

sione veniva diagnosticata e misurata tramite colloquio clinico strutturato e scale autosomministrate (la *Hamilton Depression Inventory* e la *Beck Depression Inventory*). Oltre ad avere un approccio più rigoroso nella selezione dei pazienti e nella diagnosi di depressione, questo studio ha avuto il merito di analizzare sia il contributo del carico lesionale regionale misurato nelle immagini T2 e T1, sia quello dell'atrofia regionale, misurato tramite uno *scoring* soggettivo precedentemente validato dagli autori. Un primo risultato è stato che il carico lesionale calcolato nelle immagini T1 (i cosidetti Black Holes) e localizzato a livello delle regioni frontali e parietali era il principale predittore della presenza di depressione nei pazienti con SM. I parametri di RM correlati alla gravità dei sintomi depressivi erano invece rappresentati dal carico lesionale nelle immagini T1 e dall'atrofia cerebrale entrambi localizzati a livello frontale, temporale e parietale. Tali correlazioni rimanevano significative anche dopo aver corretto l'analisi per la disabilità fisica (misurata con l'EDSS), che pure risultava significativamente associata alla presenza e alla gravità dei sintomi depressivi. Alla luce dei risultati gli autori suggerivano che i disturbi depressivi in corso di SM potrebbero dipendere dagli effetti del danno diffuso cortico-sottocorticale che condurrebbe alla disconnessione (o diaschisi) di regioni cerebrali coinvolte nella regolazione dell'affettività. Questa ipotesi sarebbe sostenuta, d'altra parte, anche da una serie di evidenze provenienti da studi metabolico-funzionali (PET, SPECT) dell'encefalo, che dimostrerebbero la frequente presenza di diaschisi a livello di aree associative corticali, prevalentemente frontali, in pazienti affetti da disturbo depressivo primario o secondario [119–122].

A questo proposito, vale la pena citare lo studio di Sabatini e coll. [123] condotto su pazienti con SM e basato sulla SPECT cerebrale. Nella popolazione studiata, l'analisi dei dati mostrava una significativa asimmetria di flusso sanguigno regionale a livello delle regioni limbiche; questo dato permetteva di distinguere i pazienti depressi da quelli non depressi, mentre non vi erano differenze in quanto a reperti RM e funzioni cognitive. Molto interessante era anche il riscontro di una correlazione significativa tra il grado di asimmetria e il livello di depressione. Sulla scorta dei loro risultati, gli autori suggerivano che la disconnessione cortico-sottocorticale osservata a livello delle strutture limbiche potesse rappresentare uno dei principali substrati coinvolti nella genesi della depressione in corso di SM.

In base agli studi appena citati [118, 123], quindi, si potrebbe ipotizzare che le turbe affettive in corso di SM dipenderebbero principalmente dal danno della sostanza bianca (SB) frontale che impatterebbe negativamente sui circuiti serotoninergici frontali e limbici.

Spostandoci adesso verso le tecniche di analisi di immagini RM più avanzate, dobbiamo certamente menzionare lo studio di Feinstein e coll. [124], che hanno utilizzato per la prima volta una metodica automatizzata per l'analisi del tessuto cerebrale in pazienti con SM affetti da depressione. Il metodo prevedeva sia la segmentazione dei tessuti per la separazione della sostanza grigia (SG), della sostanza bianca (SB) e del liquor, sia la suddivisione dell'encefalo in 13 regioni predeterminate per ciascun emisfero. Per ognuna di queste regioni veniva quindi calcolata la percentuale (sul totale) di SG, SB e liquor. Utilizzando questo approccio, gli autori hanno potuto dimostrare che i pazienti affetti da SM e depressione avevano un ridotto volume di SG

4

(p=0.01) e un aumento di volume del liquor nella parte anteriore del lobo temporale sinistro (p=0.005) rispetto ai pazienti con SM non depressi. Punto di forza di questo lavoro, oltre che il nuovo approccio di analisi delle immagini, era rappresentato dalla diagnosi accurata di depressione, basata su un'intervista strutturata piuttosto che su un semplice questionario.

Un approccio ancor più innovativo allo studio della depressione in corso di SM ha fatto seguito all'applicazione delle nuove metodiche di RM non-convenzionale.

In un lavoro pubblicato nel 2010, Feinstein e coll. [125] hanno combinato la metodica di segmentazione volumetrica appena descritta alla caratterizzazione delle lesioni e del tessuto cerebrale apparentemente normale (suddiviso in sostanza grigia, SG, e sostanza bianca apparentemente normale, SBAN), tramite il Diffusion Tensor Imaging (DTI). Utilizzando i due principali parametri derivati dal DTI, cioè la diffusività media (DM) e l'anisotropia frazionaria (AF), gli autori hanno riportato significative alterazioni a livello della SBAN e della SG della porzione anteriore del lobo temporale sinistro. Una maggiore DM veniva anche misurata nelle lesioni localizzate a livello frontale inferiore destro. I dati volumetrici, combinati con i dati di DTI, spiegavano oltre il 40% della varianza dei punteggi di depressione misurati con la scala di Beck, supportando così il ruolo del danno microstrutturale nella patogenesi dei disturbi affettivi in corso di SM [125].

Tra le metodiche di RM non-convenzionale, la RM funzionale (fMRI) rappresenta certamente lo strumento più interessante e promettente per indagare *in vivo* i meccanismi neurobiologi correlati all'elaborazione delle emozioni in pazienti affetti da SM.

I risultati dei lavori che hanno utilizzato metodiche di fMRI per lo studio delle relazioni tra elaborazione delle emozioni e attivazione di aree cerebrali verranno presentati nella apposita sezione.

Rispetto ai lavori sulla depressione, ad oggi sono davvero molto limitati gli studi che hanno valutato la relazione tra le misure di RM e quelle di ansia, euforia, disinibizione comportamentale, aggressività sociale e apatia in corso di SM [111, 126, 127]. Questi lavori, alcuni dei quali anche piuttosto datati, si sono basati per lo più su serie limitate di pazienti (se non addirittura su singoli *case report*), non prevedevano interviste psichiatriche strutturate e utilizzavano la TC piuttosto che la RM dell'encefalo. Resta quindi tutta da chiarire la relazione esistente tra parametri di RM convenzionale e non-convenzionale e presenza/gravità di gran parte dei disturbi neuropsichiatrici descritti in corso di SM.

Presi nel loro insieme, quindi, gli studi di RM strutturale e funzionale finora condotti, sembrerebbero supportare fortemente il contributo del danno biologico alla genesi della depressione in corso di SM. Nondimeno, gli studi futuri – con casistiche più ampie e metodologie adeguate – dovranno definitivamente chiarire il contributo dato dalle neuroimmagini allo studio e alla valutazione dei disturbi affettivi e, più in generale, neuropsichiatrici in corso di SM.

Bibliografia

1. Feinstein A (2004) The neuropsychiatry of multiple sclerosis. Can J Psychiatry 49:157–163
2. Patten SB, Beck CA, Williams JV et al (2003) Major depression in multiple sclerosis: a population-based perspective. Neurology 61:1524–1527
3. Feinstein A (2002) An examination of suicidal intent in patients with multiple sclerosis. Neurology 59:674–678
4. Schiffer RB (1990) Depressive syndromes associated with diseases of the central nervous system. Semin Neurol 10: 239–246
5. Minden SL, Orav J, Reich P (1987) Depression in multiple sclerosis. Gen Hosp Psychiatry 9:426–434
6. Joffe RT, Lippert GP, Gray TA et al (1987) Mood disorder and multiple sclerosis. Arch Neurol 44:376–378
7. Sadovnick AD, Remick RA, Allen J et al (1996) Depression and multiple sclerosis. Neurology 46:628–632
8. Chwastiak L, Ehde DM, Gibbons LE et al (2002) Depressive symptoms and severity of illness in multiple sclerosis: epidemiologic study of a large community sample. Am J Psychiatry 159:1862–1868
9. Noy S, Achiron A, Gabbay U et al (1995) A new approach to affective symptoms in relapsing-remitting multiple sclerosis. Compr Psychiatry 36:390–395
10. Pepper CM, Krupp L, Friedberg F et al (1993) A comparison of neuropsychiatric characteristics in chronic fatigue syndrome, multiple sclerosis, and major depression. J Neuropsychiatry Clin Neurosci 5:200–205
11. Stenager E, Knudsen L, Jensen K (1994) Multiple sclerosis: correlation of anxiety, physical impairment and cognitive dysfunction. Ital J Neurol Sci 15:97–101
12. Feinstein A, O'Connor P, Gray T et al (1999) The effects of anxiety on psychiatric morbidity in patients with multiple sclerosis. Mult Scler 5:323–326
13. Stenager EN, Stenager E, Koch-Henriksen N et al (1992) Suicide and multiple sclerosis: an epidemiological investigation. J Neurol Neurosurg Psychiatry 55:542–545
14. Janssens AC, Buljevac D, van Doorn PA et al (2006) Prediction of anxiety and distress following diagnosis of multiple sclerosis: a two-year longitudinal study. Mult Scler 12:794–801
15. Korostil M, Feinstein A (2007) Anxiety disorders and their clinical correlates in multiple sclerosis patients. Mult Scler 13:67–72
16. American Psychiatric Association (2000) Diagnostic and Statistical Manual of Mental Disorders – DSM IV TR. American Psychiatric Publishing, Inc., Arlington, VA
17. Arnett PA, Randolph JJ (2006) Longitudinal course of depression symptoms in multiple sclerosis. J Neurol Neurosurg Psychiatry 77:606–610
18. McCabe MP (2005) Mood and self-esteem of persons with multiple sclerosis following an exacerbation. J Psychosom Res 59:161–166
19. Amato MP, Zipoli V, Portaccio E (2006) Multiple sclerosis-related cognitive changes: a review of cross-sectional and longitudinal studies. J Neurol Sci 245:41–46
20. Dalos NP, Rabins PV, Brooks BR et al (1983) Disease activity and emotional state in multiple sclerosis. Ann Neurol 13:573–577
21. Warren S, Warren KG, Cockerill R (1991) Emotional stress and coping in multiple sclerosis (MS) exacerbations. J Psychosom Res 35:37–47
22. Möller A, Wiedemann G, Rohde U et al (1994) Correlates of cognitive impairment and depressive mood disorder in multiple sclerosis. Acta Psychiatr Scand 89:117–121
23. Brown RF, Tennant CC, Sharrock M et al (2006) Relationship between stress and relapse in multiple sclerosis: Part I. Important features. Mult Scler 12:453–464
24. Sadovnick AD, Eisen K, Ebers GC et al (1991) Cause of death in patients attending multiple sclerosis clinics. Neurology 41:1193–1196
25. Klapper JA (1994) Interferon beta treatment of multiple sclerosis. Neurology 44:188

26. Pandya R, Patten S (2002) Depression in multiple sclerosis associated with interferon beta-1a. Can J Psychiatry 47:686

27. Jacobs LD, Beck RW, Simon JH et al (2000) Intramuscular interferon beta-1a therapy initiated during a first demyelinating event in multiple sclerosis. CHAMPS Study Group. N Engl J Med 343:898–904

28. Arnett PA, Randolph JJ (2006) Longitudinal course of depression symptoms in multiple sclerosis. J Neurol Neurosurg Psychiatry 77:606–610

29. Mohr DC, Goodkin DE, Masuoka L et al (1999) Treatment adherence and patient retention in the first year of a Phase-III clinical trial for the treatment of multiple sclerosis. Mult Scler 5:192–197

30. Patten SB, Metz LM (2001) Interferon beta-1 a and depression in relapsing-remitting multiple sclerosis: an analysis of depression data from the PRISMS clinical trial. Mult Scler 7:243–248

31. Feinstein A, O'Connor P, Feinstein K (2002) Multiple sclerosis, interferon beta-1b and depression. A prospective investigation. J Neurol 249:815–820

32. Zephir H, De Seze J, Sénéchal O et al (2002) Treatment of progressive multiple sclerosis with cyclophosphamide. Rev Neurol (Paris) 158:65–69

33. Porcel J, Río J, Sánchez-Betancourt A et al (2006) Long-term emotional state of multiple sclerosis patients treated with interferon beta. Mult Scler 12:802–807

34. Ford H, Trigwell P, Johnson M (1998) The nature of fatigue in multiple sclerosis. J Psychosom Res 45:33–38

35. Kesselring J, Beer S (2005) Symptomatic therapy and neurorehabilitation in multiple sclerosis. Lancet Neurol 4:643–652

36. Krupp LB, Christodoulou C (2001) Fatigue in multiple sclerosis. Curr Neurol Neurosci Rep 1:294–298

37. Amato MP, Zipoli V, Goretti B et al (2006) Benign multiple sclerosis: cognitive, psychological and social aspects in a clinical cohort. J Neurol 253:1054–1059

38. Vercoulen JH, Swanink CM, Zitman FG et al (1996) Randomised, double-blind, placebo-controlled study of fluoxetine in chronic fatigue syndrome. Lancet 347:858–861

39. Téllez N, Río J, Tintoré M et al (2006) Fatigue in multiple sclerosis persists over time: a longitudinal study. J Neurol 253:1466–1470

40. Mohr DC, Hart SL, Goldberg A (2003) Effects of treatment for depression on fatigue in multiple sclerosis. Psychosom Med 65:542–547

41. Sadovnick AD, Remick RA, Allen J et al (1996) Depression and multiple sclerosis. Neurology 46:628–632

42. Julian LJ, Vella L, Frankell D et al (2009) ApoE alleles, depression and positive affect in multiple sclerosis. Mult Scler 15:311–315

43. Chahraoui K, Pinoit JM, Viegas N et al (2008) Alexithymia and links with depression and anxiety in multiple sclerosis. Rev Neurol 164:242–245

44. Wineman NM, Schwetz KM, Goodkion DE et al (1996) Relationships among illness uncertainty, stress, coping and emotional well being at entry into a clinical drug trial. Appl Nurs Res 9:53–60

45. Schiaffino KM, Sharawyn MA, Blum D (1998) Examining the impact of illness representations on psychological adjustment to chronic illness. Health Psychology 17:262–268

46. Devins GM, Edworthy SM, Paul LC et al (1993) Restless sleep, illness intrusiveness and depressive symptoms in three chronic illness conditions: rheumatoid arthritis, end-stage renal disease and multiple sclerosis. J Psychosom Med 37:163–170

47. Devins GM, Edworthy SM, Seland TP et al (1993) Differences in illness intrusivity across rheumatoid arthritis, end-stage renal disease and multiple sclerosis. J Nerv Ment Dis 181:377–381

48. Devins GM, Styra R, O'Connor P et al (1996) Psychological impact of illness intrusiveness moderated by age in multiple sclerosis. Psychol Health Med 1:179–191

49. Barnwell AM, Kavanagh DJ (1997) Prediction of psychological adjustment to multiple sclerosis. Soc Sci Med 45:411–418

50. Gilchrist AC, Creed FH (1994) Depression, cognitive impairment and social stress in multiple sclerosis. J Psychosom Med 38:193–201

51. Gulick EE (1997) Correlates of quality of life among persons with multiple sclerosis. Nurs Res 46:305–311
52. Pakenham KI (1999) Adjustment to multiple sclerosis: application of a stress and coping model. Health Psychol 18:383–392
53. Beck AT, Ward CH, Mendelson M et al (1961) An inventory for measuring depression. Arch Gen Psychiatry 4:561–571
54. Hamilton M (1960) A rating scale for depression. J Neurol Neurosurg Psychiatry 23:56–62
55. Solari A, Motta A, Mendozzi L et al (2003) Italian version of the Chicago Multiscale Depression Inventory: translation, adaptation and testing in people with multiple sclerosis. Neurol Sci 24:375–383
56. Spielberger CD, Gorsuch RL, Lushene RE (1989) STAI State-Trait Anxiety Inventory – Forma Y. Edizione italiana a cura di Pedrabissi L e Santinello M. Firenze: Organizzazioni Speciali
57. Honarmand K, Feinstein A (2009) Validation of the Hospital Anxiety and Depression Scale for use with multiple sclerosis patients. Mult Scler 15:1518–1524
58. Mohr DC, Hart SL, Fonareva I et al (2006) Treatment of depression for patients with multiple sclerosis in neurology clinics. Mult Scler 12:204–208
59. Goldman Consensus Group (2005) The Goldman Consensus statement on depression in multiple sclerosis. Mult Scler 11:328–337
60. Cetin K, Johnson KL, Ehde DM et al (2007) Antidepressant use in multiple sclerosis: epidemiologic study of a large community sample. Mult Scler 13:1046–1053
61. Flax JW, Gray J, Herbert J (1991) Effect of fluoxetine on patients with multiple sclerosis. Am J Psychiatry 148:1603
62. Shafey H (1992) The effect of fluoxetine in depression associated with multiple sclerosis. Can J Psychiatry 37:147–148
63. Schiffer RB, Wineman NM (1990) Antidepressant pharmacotherapy of depression associated with multiple sclerosis. Am J Psychiatry 147:1493–1497
64. Ehde DM, Kraft GH, Chwastiak L et al (2008) Efficacy of paroxetine in treating major depressive disorder in persons with multiple sclerosis. Gen Hosp Psychiatry 30:40–48
65. Mohr DC, Likosky W, Bertagnolli A et al (2000) Telephone-administered cognitive-behavioral therapy for the treatment of depressive symptoms in multiple sclerosis. J Consult Clin Psychol 68:356–361
66. Mohr DC, Boudewyn AC, Goodkin DE et al (2001) Comparative outcomes for individual cognitive-behavior therapy, supportive-expressive group psychotherapy, and sertraline for the treatment of depression in multiple sclerosis. J Consult Clin Psychol 69:942–949
67. Mohr DC, Hart SL, Julian L et al (2005) Telephone-administered psychotherapy for depression. Arch Gen Psychiatry 62:1007–1014
68. Petajan JH, Gappmaier E, White AT et al (1996) Impact of aerobic training on fitness and quality of life in multiple sclerosis. Ann Neurol 39:432–441
69. Brown TR, Kraft GH (2005) Exercise and rehabilitation for individuals with multiple sclerosis. Phys Med Rehabil Clin N Am 16:513–555
70. Minden SL, Schiffer RB (1991) Depression and mood disorders in multiple sclerosis. Neuropsychiatry 4:62–77
71. Rao SM, Huber SJ, Bornstein RA (1992) Emotional changes with multiple sclerosis and Parkinson's disease. J Consult Clin Psych 60:369–378
72. Schubert DSP, Foliart RH (1993) Increased depression in multiple sclerosis: a meta-analysis. Psychosomatics 34:124–130
73. Minden SL (2000) Mood disorders in multiple sclerosis: diagnosis and treatment. J Neurovirol 6(Suppl 2):S160–S167
74. Whitlock FA, Siskind MM (1980) Depression as a major symptom of multiple sclerosis. J Neurol Neurosurg Psychiatry 43:861–865
75. Joffe RT, Lippert GP, Gray TA (1987) Personal and family history of affective illness in patients with multiple sclerosis. Journal of Affective Disorders 12:63–65
76. Edwards LJ, Constantinescu CS (2004) A prospective study of conditions associated with mul-

4

tiple sclerosis in a cohort of 658 consecutive outpatients attending a multiple sclerosis clinic. Mult Scler 10:575–581

77. Garland EJ, Zis AP (1991) Multiple sclerosis and affective disorders. Can J Psychiatry 36:112–117

78. Weissman MM, Bland RC, Canino GJ et al (1996) Cross-national epidemiology of major depression and bipolar disorder. JAMA 276:293–299

79. Kessler RC, McGonagle KA, Zhao S et al (1994) Lifetime and 12 month prevalence of DSM III-R psychiatric disorder in the United States: results from the national co-morbidity survey. Arch Gen Psychiatry 51:8–19

80. Hirschfield RM, Calabrese JR, Weissman MM et al (2003) Screening for bipolar disorder in the community. J Clin Psychiatry 64:53–59

81. Angst J (1998) The emerging epidemiology of hypomania and bipolar disorder. J Affect Disord 50:143–151

82. Schiffer RB, Wineman NM, Weitkamp LR (1986) Association between bipolar affective disorder and multiple sclerosis. Am J Psychiatry 143:94–95

83. Ybarra MI, Moreira MA, Araùjo CR et al (2007) Bipolar disorder and multiple sclerosis. Arq Neuropsiquiatr 65(4-B):1177–1180

84. Cummings JL, Mega M, Gray K et al (1994) The Neuropsychiatric Inventory: Comprehensive assessment of psychopathology in dementia. Neurology 44:2308–2314

85. Diaz-Olavarrieta C, Cummings JL, Velazquez J et al (1999) Neuropsychiatric manifestations of multiple sclerosis. Journal of Neuropsychiatry and Clinical Neurosciences 11:51–57

86. Figved N, Myhr KM, Larsen JP et al (2007) Caregiver burden in multiple sclerosis: The impact of neuropsychiatric symptoms. Journal of Neurology Neurosurgery and Psychiatry 78:1097–1102

87. Isaksson A-K, Ahlstrom G (2006) From symptom to diagnosis: illness experiences of multiple sclerosis patients. J Neurosci Nurs 38:229–237

88. Ashgar-Ali A, Taber KH, Hurley RA et al (2004) Pure neuropsychiatric presentation of multiple sclerosis. Am J Psychiatry 161:226–231

89. Jongen PJ (2006) Psychiatric onset of multiple sclerosis. J Neurol Sci 245:59–62

90. Hutchinson M, Starck J, Buckley P (1993) Bipolar affective disorder prior to the onset of multiple sclerosis. Acta Neurol Scan 88:388–393

91. Lewis DA, Smith RE (1983) Steroid induced psychiatric syndromes: a report of 14 cases and a review of the literature. J Affect Disord 5:319–332

92. Warrington TP, Bostwick JM (2006) Psychiatric adverse effects of corticosteroids. Mayo Clin Proc 8:1361–1367

93. Bolanos SH, Khan DA, Hanczyc M et al (2004) Assessment of mood states in patients receiving long-term corticosteroid therapy and in controls with patient-rated and clinician-rated scales. Ann Allergy Asthma Immunol 92:500–505

94. Ling MHM, Perry PJ, Tsuang MT (1981) Side effects of corticosteroid therapy. Arch Gen Psychiatry 38:471–477

95. Minden SL, Orav J, Schildkraut JJ (1988) Hypomanic reactions to ACTH and prednisone treatment for multiple sclerosis. Neurology 38:1631–1634

96. Schiffer RB, Weitkamp LR, Wineman NM et al (1988) Multiple sclerosis and affective disorder: family history, sex and HLA-DR antigens. Arch Neurol 45:1345–1348

97. Bozikas VP, Anagnostouli MC, Petrikis P et al (2003) Familial bipolar disorder and multiple sclerosis: a three-generation HLA family study. Prog Neuropsychopharmacol Biol Psychiatry 27:835–839

98. Oliveira JRM, Off, Vallada H et al (1998) Analysis of a novel functional polymorphism within the promoter region of the serotonin transporter gene (5-HTT) in Brazilian patients affected by bipolar disorder and schizophrenia. Am J Med Genet (Neuropsychiatr Genet) 81:225–227

99. Mansour HA, Talkowski ME, Wood J et al (2005) Serotonin gene polymorphisms and bipolar I disorder: focus on the serotonin transporter. Ann Med 2005:590–602

100. Young RC, Biggs JT, Ziegler VE et al (1978) A rating scale for mania: reliability, validity and sensitivity. Br J Psychiatry 133:429

101. Davidson K, Bagley CR (1969) Schizophrenia-like psychoses associated with organic disorders of the central nervous system: a review of the literature. Br J Psychiatry 4:113–184
102. Feinstein A, du Boulay G, Ron MA (1993) Psychotic illness in multiple sclerosis: a clinical and MRI study. Br J Psychiatry 161:680–685
103. Rabins PV (1990) Euphoria in multiple sclerosis. In: Rao S (ed) Neurobehavioral aspects of multiple sclerosis. New York, Oxford University Press Publisher, pp. 180–185
104. Ron MA, Logsdail SJ (1989) Psychiatric morbidity in multiple sclerosis: a clinical and MRI study. Psychol Med 19:887–895
105. Feinstein A, Feinstein K, Gray T, O'Connor P (1997) Prevalence and neurobehavioral correlates of pathological laughing and crying in multiple sclerosis. Arch Neurol 54:1116–1121
106. Feinstein A, O'Connor P, Gray T et al (1999) Pathological laughing and crying in multiple sclerosis: a preliminary report suggesting a role or the prefrontal cortex. Mult Scler 5:69–73
107. Henze T, Rieckmann P, Toyka KV (2006) Symptomatic treatment of multiple sclerosis - Multiple Sclerosis Therapy Consensus Group (MSTCG) of the German Multiple Sclerosis Society. Eur Neurol 56:78–105
108. Krupp LB, Rizvi SA (2002) Symptomatic therapy for under-recognized manifestations of multiple sclerosis. Neurology 58(Suppl 4):S32–S39
109. Ameis SH, Feinstein A (2006) Treatment of neuropsychiatric conditions associated with multiple sclerosis. Expert Rev Neurother 6:1555–1567
110. Falk WE, Mahnke MW, Poskanzer DC (1979) Lithium prophylaxis of corticotropin-induced psychosis. Journal of the American Medical Association 241:1011–1012
111. Rabins PV, Brooks BR, O'Donnell P et al (1986) Structural brain correlates of emotional disorders in Multiple Sclerosis. Brain 109:585–597
112. Honer WG, Hurwitz T, Li DK et al (1987) Temporal lobe involvement in multiple sclerosis patients with psychiatric disorders. Arch Neurol 44:187–190
113. Zorzon M, de Masi R, Nasuelli D et al (2001) Depression and anxiety in multiple sclerosis. A clinical and MRI study in 95 subjects. J Neurol 248:416–421
114. Zorzon M, Zivadinov R, Nasuelli D et al (2002) Depressive symptoms and MRI changes in multiple sclerosis. Eur J Neurol 9:491–496
115. Di Legge S, Piattella MC, Pozzilli C et al (2003) Longitudinal evaluation of depression and anxiety in patients with clinically isolated syndrome at high risk of developing early multiple sclerosis. Mult Scler 9:302–306
116. Pujol J, Bello J, Deus J et al (1997) Lesions in the left arcuate fasciculus region and depressive symptoms in multiple sclerosis. Neurology 49:1105–1110
117. Fassbender K, Schmidt R, Mössner R et al (1998) Mood disorders and dysfunction of the hypothalamic-pituitary-adrenal axis in multiple sclerosis: association with cerebral inflammation. Arch Neurol 55:66–72
118. Bakshi R, Czarnecki D, Shaikh ZA et al (2000) Brain MRI lesions and atrophy are related to depression in multiple sclerosis. Neuroreport 11:1153–1158
119. Drevets WC, Price JL, Simpson JR Jr et al (1997) Subgenual prefrontal cortex abnormalities in mood disorders. Nature 386:824–827
120. Biver F, Goldman S, Delvenne V et al (1994) Frontal and parietal metabolic disturbances in unipolar depression. Biol Psychiatry 36:381–388
121. Austin MP, Dougall N, Ross M et al (1992) Single photon emission tomography with 99mTc-exametazime in major depression and the pattern of brain activity underlying the psychotic/neurotic continuum. J Affect Disord 26:31–43
122. Mayberg HS, Starkstein SE, Sadzot B et al (1990) Selective hypometabolism in the inferior frontal lobe in depressed patients with Parkinson's disease. Ann Neurol 28:57–64
123. Sabatini U, Pozzilli C, Pantano P et al (1996) Involvement of the limbic system in multiple sclerosis patients with depressive disorders. Biol Psychiatry 39:970–975
124. Feinstein A, Roy P, Lobaugh N et al (2004) Structural brain abnormalities in multiple sclerosis patients with major depression. Neurology 62:586–590
125. Feinstein A, O'Connor P, Akbar N et al (2010) Diffusion tensor imaging abnormalities in de pressed multiple sclerosis patients. Mult Scler 16:189–196

126. Rabins PV (1990) Euphoria in multiple sclerosis. In: Rao SM (ed) Neurobehavioral Aspects of MS. New York, Oxford University Press, pp. 180–185
127. Hotopf MH, Pollock S, Lishman WA (1994) An unusual presentation of multiple sclerosis. Psychol Med 24:525–528

I disturbi psicotici

5

P. Montella, D. Buonanno, M. de Stefano, G. Tedeschi

Fin dalle prime descrizioni cliniche risalenti alla fine del XIX secolo, nei pazienti affetti da SM viene segnalata la possibile presenza di sintomi psichiatrici accanto ai deficit motori, sensitivi e sensoriali. Tuttavia, mentre dall'insieme degli studi presenti in letteratura emerge come frequente l'associazione tra i sintomi somatici della SM e i disturbi dell'umore, in particolare la depressione, risultano invece molto meno studiate le alterazioni della percezione, la disorganizzazione del pensiero e i disturbi comportamentali.

Negli ultimi anni, inoltre, il rapido sviluppo delle tecniche di neuroimaging, accrescendo le conoscenze sul rapporto mente/cervello, ha consentito un sostanziale ampliamento di prospettiva sul funzionamento mentale e psichico. Per quanto attiene alla SM questo ha significato che l'interpretazione, in un certo senso "classica", dei sintomi psichiatrici come reattivi al disagio esistenziale connesso alla diagnosi e al decorso della malattia, ha ceduto il passo a un diverso vertice di osservazione: i disturbi dell'umore, dell'ideazione, della percezione e del comportamento vengono valutati alla luce di possibili correlazioni con la sofferenza, diffusa o focale, delle strutture cerebrali.

Sebbene non sia ancora del tutto chiarita la relazione tra SM e quadri psicopatologici, la comparsa sulla scena clinica di sintomi psichiatrici viene oggi osservata anche come espressione di attivazione della malattia. A partire da quanto evidenziato in soggetti schizofrenici, tramite RM con tensore di diffusione (DTI) [1], viene, infatti, ipotizzato che anche nei pazienti SM alla base dei disturbi psicotici vi sia una alterazione della connettività cerebrale; è stato proposto di considerare la possibilità di vere e proprie *poussées* "psichiatriche" [2].

Oltre a comparire nel decorso della malattia, emerge, dall'osservazione clinica e dalla esperienza correlata alla prassi terapeutica, che la sintomatologia psichiatrica può rappresentare un sintomo di esordio misconosciuto della malattia demielinizzante [2–5] o l'effetto collaterale di terapie specifiche diverse. Studi condotti su popolazioni di pazienti ricoverati in istituzioni psichiatriche hanno messo in evidenza quadri clinici e di neuroimaging compatibili con la diagnosi di SM nello 0,3-0,8% dei soggetti [6].

I disturbi neuropsichiatrici nella sclerosi multipla. Ugo Nocentini, Carlo Caltagirone, Gioacchino Tedeschi (a cura di) © Springer-Verlag Italia 2011

5

È evidente, dunque, la necessità di una maggiore attenzione alla relazione tra SM e sintomi psichiatrici che, da un lato, garantisca la possibilità di cogliere appieno le potenzialità diagnostiche di questi ultimi, dall'altro consenta di individuare e di assumere nel singolo paziente le decisioni terapeutiche più adeguate.

5.1
Epidemiologia

La letteratura sui disordini psicotici nei pazienti con SM non è molto estesa e consta di *case report* e di pochi studi retrospettivi che riportano dati spesso discordanti.

La dimensione eterogenea dei campioni studiati, nonché la diversità di criteri di classificazione e strumenti di valutazione adottati, rendono scarsamente confrontabili gli studi clinici e non consentono un'adeguata stima del fenomeno. Ad esempio, Surridge e coll. [7], in un campione di 108 pazienti con SM, hanno riscontrato depressione (27%), euforia (26%), modifiche di personalità e irritabilità (40%), disturbi psicotici (4%). Invece Skegg e coll. [8] riportano che dei 91 pazienti con SM identificati in un campione di popolazione ammontante a 112.000 soggetti, il 16% ha presentato sintomi psichiatrici, non ulteriormente specificati, prima che emergessero quelli neurologici: gli autori sottolineano che in circa la metà di questi pazienti la diagnosi è rimasta a lungo unicamente psichiatrica. Allo stesso modo Stenager e coll. [9] in una popolazione di 336 pazienti con SM, hanno rilevato che il 12% aveva ricevuto almeno un ricovero in psichiatria, nel 2% dei casi precedentemente alla diagnosi neurologica, ma non forniscono dettagli diagnostici.

Lo studio di Patten e coll. [10] è il solo a fornire un'evidenza epidemiologica dell'associazione tra SM e disturbi psicotici. La ricerca è resa efficace dall'alta prevalenza di SM nel territorio esaminato (Alberta, Canada), dall'afferenza di tutta la popolazione a un unico ente sanitario, dall'utilizzo da parte di tutti i medici del medesimo codice di valutazione diagnostica (ICD-9 CM). In una popolazione di 2,45 milioni di abitanti (età media 42,4 anni) nel periodo 1985/2003, gli autori hanno rilevato una prevalenza di casi di SM dello 0,3-0,5%. Utilizzando poi nei pazienti con SM i codici diagnostici ICD-9: 295 (spettro dei disordini psicotici), 247 (disordini deliranti), 298 (altre psicosi non organiche), 292, 293, 294 (disordini psicotici organici: da farmaci, transitori, altri), senza ulteriori precisazioni cliniche, è emersa una prevalenza di disturbi psicotici del 2-3%, non correlata al sesso e con un picco (4%) nel gruppo di età compresa tra i 15 e i 24 anni. La prevalenza di disturbi psicotici nei pazienti SM è risultata all'incirca doppia che nella popolazione generale (0,5-1%) nella quale, inoltre, si osserva un incremento direttamente correlato a quello dell'età.

In Italia, Lo Fermo e coll. [11], in uno studio retrospettivo riferito al periodo 1997-2007, in una popolazione di 682 pazienti con SM afferenti a un unico Centro, hanno messo in evidenza un esordio psichiatrico di malattia in 16 pazienti (2,3%); in 5 casi la sintomatologia era stata psicotica.

Alcuni degli studi riportati e numerosi *case report,* inoltre, sollecitano a domandarsi se la reale frequenza dell'esordio psichiatrico della SM [2–5], sia stata finora sufficientemente riconosciuta o se piuttosto una serie di elementi quali: la natura stessa dei sintomi psicotici [12, 13], l'evenienza che una sintomatologia psichiatrica florida oscuri i segni neurologici concomitanti [14], la scarsa inclinazione dei medici di base, degli psicologi e degli psichiatri a ipotizzare una diagnosi neurologica in presenza di sintomatologia psichiatrica [15], non interferiscano con una corretta stima del problema dando origine alla variabilità dei dati presenti in letteratura.

È evenienza frequente, infatti, che al momento della comparsa di una sintomatologia somatica, l'indagine anamnestica permetta di attribuire il corretto significato a una precedente sintomatologia psichiatrica e quindi retrodatare la diagnosi [2].

5.2
Aspetti clinici

Nei pazienti SM sintomi di natura psicotica possono presentarsi da soli o in associazione a sintomi somatici, all'esordio oppure in qualunque momento lungo il decorso della malattia [16], come espressione della sofferenza focale e/o diffusa della sostanza bianca, piuttosto che della sostanza grigia, o come effetto collaterale della terapia [17].

Non sono state identificate fino ad oggi specifiche caratteristiche di personalità pre-morbosa correlabili alla comparsa di sintomi psicotici in corso di SM, sebbene sia evidente come differenti tipologie di personalità determinino modalità differenti di percezione della malattia e differenti attivazioni di risorse utili a fronteggiare le situazioni stressanti ad essa connesse. Nello stesso senso, non possono essere trascurati l'importanza e il significato predittivo di fattori socio-ambientali quali: struttura familiare, scolarizzazione, inserimento sociale e lavorativo, censo, ecc.

Le caratteristiche cliniche dei disturbi psicotici in corso di SM, verosimilmente a causa della loro natura sintomatica, possono essere sensibilmente diverse da quelle dei pazienti schizofrenici: l'età d'esordio può essere più varia, la risposta alla terapia più immediata [18], l'evoluzione variabile.

Presi nel loro insieme i dati presenti in letteratura espongono decorsi clinici in parte sovrapponibili a quelli tipici della SM: Matthews [19] descrive pazienti che hanno presentato una remissione rapida e completa dei sintomi; Lo Fermo e coll. [11], Blanc e coll. [2] sottolineano, al contrario, in particolare nei pazienti che hanno presentato in esordio sintomatologia neurologica e psichiatrica, la maggiore persistenza dei sintomi psichiatrici e la necessità di una terapia specifica protratta.

A un'analisi retrospettiva, inoltre, non è rilevabile una correlazione tra l'esordio psicotico e il decorso della malattia, RR o SP, o con il grado di disabilità acquisito nel tempo [11].

I sintomi psicotici più frequentemente associati alla SM, sia in esordio che in corso di malattia, sono i sintomi cosiddetti "positivi". Vengono descritti: ideazione delirante [20], a contenuto interpretativo [2] e a temi diversi (erotomanico [21], di gelosia [22], di grandezza [2], di persecuzione [2, 5, 22], di rovina e di colpa [2]); illusioni allucinatorie [23]; tachipsichismo e perdita dei nessi associativi [5, 22, 24];

incoerenza e tangenzialità del linguaggio [15, 19, 22]; sentimenti di depersonalizzazione e di derealizzazione [16]; bizzarrie comportamentali [19]; iperreligiosità [15, 22]; ipersessualità [2]; disturbi della percezione [5, 15, 20].

Meno frequente è la descrizione di sintomi psicotici cosiddetti "negativi" quali appiattimento e inerzia affettiva, discordanza affettiva, impoverimento ideo-affettivo, apatia e tendenza al ritiro sociale [2, 19, 25].

Rare, e prevalentemente in pazienti all'esordio di malattia, sono le descrizioni di episodi depressivi maggiori con caratteristiche melanconiche e psicotiche [2, 26] o di stati catatonici [2, 27, 28].

Deliri [23], sindromi maniacali o depressioni severe [10] vengono descritti in corso di terapia cortico-steroidea, ad alte dosi e/o a lungo termine, e in corso di immunoterapia con interferone [22]. La risposta agli antipsicotici è in genere buona e non è necessaria l'interruzione della terapia di base.

Idee di riferimento, disforia, depersonalizzazione e allucinazioni possono presentarsi anche come effetto collaterale dell'uso dei cannabinoidi per la terapia del dolore e della spasticità muscolare [21].

In conclusione, il particolare decorso clinico della SM e la possibilità che sintomi psicotici ne rappresentino la manifestazione di esordio sottolineano la necessità di inserirla negli iter di diagnosi differenziale con altre patologie psichiatriche [19].

5.3
Valutazione

Non esistono ad oggi protocolli standardizzati di valutazione dei sintomi psicotici nei pazienti affetti da SM. La diagnosi rimane quindi legata agli elementi emersi dal colloquio e dall'esame clinico.

Diaz-Olavarrieta e coll. [20] hanno arricchito l'osservazione clinica sottoponendo caregiver di pazienti alla *Neuropsychiatric Inventory* (NPI) [12], intervista semistrutturata volta a identificare frequenza e intensità di sintomi psichiatrici quali depressione, apatia, ansia, euforia, deliri, allucinazioni e affaccendamento afinalistico. I dati raccolti su 44 pazienti con SM e 25 controlli sani hanno evidenziato: depressione (79% dei pazienti vs 16% dei controlli), agitazione (40% vs 0%), ansia (37% vs 4%), allucinazioni (10% vs 0%) e deliri (7% vs 0%).

Un diverso, e interessante, approccio è stato utilizzato da Reznikova e coll. [29] che somministrando lo *Standardized Multifactorial Personality Test* (SMPT) [30], una versione modificata dell'MMPI, hanno indagato le diverse strategie di coping utilizzate dai pazienti SM rispetto all'evento malattia, indipendentemente dalla presenza di una sintomatologia psicotica florida. Sulla base dei risultati ottenuti gli autori hanno identificato un pattern di "risposta psicotica" allo stress correlato alla malattia caratterizzato da iperattività, impulsività, mancanza di senso critico ed ipervalutazione.

5.4
Terapia

Mancano linee guida per il trattamento terapeutico dei sintomi psicotici in corso di SM.

L'utilizzo di neurolettici e di immunomodulanti, la loro associazione nella fase acuta e nella terapia a lungo termine, nonché la durata della terapia, variano caso per caso in relazione alla specifica situazione clinica.

In presenza di sintomatologia acuta la condotta terapeutica più diffusa prevede il ricorso agli antipsicotici atipici ai dosaggi convenzionali.

La scelta del farmaco è determinata nel singolo caso dall'efficacia terapeutica e dalla presenza di effetti collaterali. Viene descritto l'impiego di risperidone, olanzapina [31], quetiapina, clozapina [32], meno frequentemente di aripiprazolo e di ziprasidone [33].

In caso di inefficacia della terapia neurolettica in fase acuta, è consigliata l'associazione con cortisonici ad alte dosi [31, 34].

Viene proposto anche l'utilizzo di stabilizzatori dell'umore (carbamazepina, valproato di sodio), in monoterapia o in associazione con antipsicotici [11].

È consigliabile, infine, valutare nel singolo paziente l'opportunità di una presa in carico psicoterapeutica.

5.5
Dati di neuroimaging

Un elevato carico lesionale al livello delle regioni periventricolari dei lobi temporali e frontali è stato ripetutamente descritto in pazienti SM affetti da sintomi psicotici. Già nel 1992 Feinstein e coll. [18] hanno studiato localizzazione e carico lesionale in soggetti SM, con disturbo psicotico e senza, e hanno rilevato nei primi una frequenza di lesioni periventricolari a livello temporale due volte maggiore rispetto ai secondi. Successivamente Diaz-Olavarrieta e coll. [20], hanno evidenziato, in pazienti affetti da deliri e allucinazioni, un carico lesionale a livello frontale e temporale statisticamente significativo rispetto ai controlli. Più recentemente, Castellanos-Pinedo e coll. [34] hanno descritto una lesione attiva a livello dell'ippocampo sinistro in una paziente con SM che presentava ideazione delirante in associazione a sintomi somatici; Blanc e coll. [2], in quattro pazienti affetti da sintomatologia psicotica acuta hanno rilevato lesioni attive a livello dei lobi frontali e, nel paziente che ha presentato un episodio depressivo maggiore seguito da catatonia, anche lesioni attive a livello cerebellare e del ponte. Gli stessi autori propongono che l'emergenza della sintomatologia psicotica in corso di SM potrebbe essere determinata da una sofferenza della sostanza bianca più diffusa di quanto evidenziato in RM.

Bibliografia

1. Mitelman SA, Newmark RE, Torosjan Y et al (2006) White matter fractional anisotropy and outcome in schizophrenia. Schizophr Res 87:138–159
2. Blanc F, Berna F, Fleury M et al (2010) Evenements psychotiques inauguraux de Sclerose en plaques? Revue Neurologique 166:39–48
3. Hutchinson M, Stack J, Buckley P (1993) Bipolar affective disorder prior to the onset of multiple sclerosis. Acta Neurol Scand 88:388–393
4. Monaco F, Mutani R, Piredda S et al (1980) Psychotic onset of multiple sclerosis. Ital J Neurol Sci 1:279–280
5. Reimer J, Aderhold V, Lambert M et al (2006) Manifestation of multiple sclerosis with paranoid hallucinatory psychosis. J Neurol 253:531–532
6. Lyoo IK, Seol HY, Byun HS et al (1996) Unsuspected multiple sclerosis in patients with psychiatric disorders: a magnetic resonance imaging study. J Neuropsychiatry Clin Neurosci 8:54–59
7. Surridge D (1969) An investigation into some psychiatric aspects of Multiple Sclerosis. Br J Psychiatry 15:749–764
8. Skegg K, Corwin PA, Skegg DC (1988) How often is multiple sclerosis mistaken for a psychiatric disorder? Psychol Med 18:733–736
9. Stenager E, Jensen K (1988) Multiple Sclerosis: correlation of psychiatric admissions to onset of initial symptoms. Acta Neurol Scand 77:414–417
10. Patten SB, Svenson LW, Metz LM (2005) Psychotic Disorders in MS: population-based evidence of an association. Neurology 65:1123–1125
11. Lo Fermo S, Barone R, Patti F et al (2010) Outcome of psychiatric symptoms presenting at onset of multiple sclerosis: a retrospective study. Mult Scler 16:742–748
12. Cummings JL, Mega M, Grey K (1994) The Neuropsychiatric Inventory: comprehensive assessment of psychopathology in dementia. Neurology 44:2308–2014
13. Jefferies K (2006) Advances in psychiatric treatment. 12:214–220
14. Pine DS, Douglas CJ, Charles E et al (1995) Patients with multiple sclerosis presenting to psychiatric hospitals. J Clin Psychiatry 56:297–306
15. Jongen P (2006) Psychiatric onset of multiple sclerosis. J Neurol Sci 245:59–62
16. Kwentus JA, Hart RP, Calabrese V et al (1986) Mania as a symptom of multiple sclerosis. Psychosomatics 27:729–731
17. Polman C, Thompson AJ, Murray TJ et al (2001) Multiple Sclerosis: the guide to treatment and management, 5th ed. New York, Demos Medical Publishing
18. Feinstein A, du Boulay G, Ron MA (1992) Psychotic illness in multiple sclerosis. A clinical and magnetic resonance imaging study. Br J Psychiatry 161:680–685
19. Matthews WB (1979) Multiple Sclerosis presenting with acute remitting psychiatric symptoms. J Neurol. Neurosurg Psychiatry 42:859–863
20. Diaz-Olavarietta C, Cummings J, Velazquez J et al (1999) Neuropsychiatric Manifestations of MS. J Neuropsychiatry Clin Neurosci 11:1
21. Smith EJ (2009) Multiple Sclerosis presenting with erotomanic delusions in the context of "don't ask, don't tell". Mil Med 174:297–298
22. Asghgar-Ali, Taber K, Hurley R et al (2004) Pure neuropsichiatric presentation of Multiple Sclerosis. Am J Psychiatry 161:226–231
23. Sidoti V, Lorusso L (2007) Multiple sclerosis and Capgras' syndrome. Clin Neurol Neurosurg 109:786–787
24. Ron MA, Logsdail SJ (1989) Psychiatric morbidity in multiple sclerosis: a clinical and MRI study. Psychol Med 19:887–895
25. Shoja Shafti S, Nicknam Z, Fallah P et al (2009) Early psychiatric manifestation in a patient with primary progressive multiple sclerosis. Arch Iran Med 12:595–598
26. Agan K, Gunal DI, Afsar N et al (2009) Psychotic depression: a peculiar presentation for multiple sclerosis. Int J Neurosci 119:2124–2130

27. Hung YY, Huang TL (2007) Lorazepam and diazepam for relieving catatonic features in multiple sclerosis. Prog Neuropsychopharmacol Biol Psychiatry 31:1537–1538
28. Mendez MF (1999) Multiple sclerosis presenting as catatonia. Int J Psychiatry Med 29:435–441
29. Reznikova TN, Terent'eva IY, Kataeva GV (2007) Variants of personality maladaptation in patients with Multiple Sclerosis. Neuroscience and Behavioral Physiology 37:747–754
30. Sobchik LN (2002) A Standardized Multifactorial Method for Studying Personality (SMPT), Rech', St. Petersburg
31. Thöne J, Kessler E (2008) Improvement of neuropsychiatric symptoms in multiple sclerosis subsequent to high-dose corticosteroid treatment. Prim Care Companion J Clin Psychiatry 10:163–164
32. Chong SA, Ko SM (1997) Clozapine treatment of psychosis associated with multiple sclerosis. Can J Psychiatry 42:90–91
33. Davids E, Hartwig U, Gastpar M (2004) Antipsychotic treatment of psychosis associated with multiple sclerosis. Prog Neuropsychopharmacol Biol Psychiatry 28:743–744
34. Castellanos-Pinedo F, Galindo R, Adeva-Bartolomé MT, Zurdo M (2004) A relapse of multiple sclerosis manifesting as acute delirium. Neurologia 19:323–325

S. Romano, U. Nocentini

Numerosi sono i dati di letteratura che descrivono la presenza sia dell'euforia che del riso e pianto spastico nei pazienti affetti da SM.

Il termine euforia viene utilizzato per indicare una modificazione del tono dell'umore caratterizzata da allegria, esuberanza e felicità in corrispondenza di un evento positivo e gratificante, raramente associato a un eccitamento psicomotorio. L'euforia assume un significato patologico quando la risonanza emotiva è sproporzionata ai dati di realtà; differisce dalla mania descritta nei pazienti con disturbi bipolari in quanto la modificazione del tono dell'umore è stabile; i pazienti non presentano un'accelerazione del pensiero e non hanno l'impulso incessante a pensare a nuove idee e eseguire nuove attività. Nel caso dei pazienti affetti da SM si ritiene ancora valida la descrizione data da Cottrell e Wilson nel 1926 [1], secondo la quale l'euforia è uno stato mentale caratterizzato da espressioni di allegria e felicità e da una condizione di tranquillità; i pazienti danno un'impressione di serenità e buon umore e, anche se consapevoli delle disabilità da cui sono affetti, dichiarano di sentirsi bene e in forma, ponendosi in una prospettiva di guarigione e con un atteggiamento ottimistico nei riguardi del futuro.

Non esiste consenso sulla prevalenza dell'euforia nella SM, vengono segnalate frequenze che oscillano dallo 0 al 63% [1, 2]; tale ampia variazione è il risultato sia delle differenze tra i pazienti in termini di gravità e durata di malattia, sia dell'utilizzo improprio del termine euforia per descrivere una qualsiasi forma di disturbo emotivo. Dati più recenti riportano infatti una frequenza del 10% [3]. I pochi studi clinici hanno dimostrato che l'euforia si manifesta più frequentemente nei pazienti che presentano una disabilità di grado elevato, una lunga durata di malattia, una forma di SM di tipo cronico progressivo e disturbi cognitivi di grado severo [4]. Dagli studi di neuroimmagini emerge invece un'associazione con la dilatazione dei ventricoli cerebrali e un carico lesionale esteso [3].

L'interpretazione dell'euforia, considerata comunque come una condizione patologica, è andata incontro a importanti variazioni nel corso del tempo: i primi autori la consideravano un disturbo psicopatologico caratteristico o patognomonico della SM, mentre da quando la valutazione delle funzioni cognitive è divenuta sempre più sistematica e specifica, l'euforia viene vista come una conseguenza del deterioramento cognitivo o, comunque, inquadrata tra le conseguenze della perdita di capacità critiche dovuta al grave interessamento dei lobi frontali e delle loro connessioni [5]. Tuttavia, nonostante l'interesse che sembrerebbe avere l'approfondimento delle relazioni tra la compromissione cognitiva e lo stato di euforia, è sorprendente come non vi siano studi recenti che abbiano esplorato questi aspetti.

Il riso e pianto spastico è una condizione in cui gli episodi di riso e pianto si manifestano e alternano in maniera improvvisa, incontrollabile, incongrua e dissociata da qualsiasi stimolo. Il paziente può andare incontro a crisi di riso o di pianto incoercibile indipendentemente dall'umore di base e senza una reale motivazione o in presenza di stimoli che prima dell'instaurarsi di tale disturbo non avrebbero scatenato tale reazione emotiva. Talora, inoltre, lo stimolo può avere una valenza emozionale contraria all'espressione emotiva scatenata; ad esempio, il paziente può ridere in risposta a notizie tristi o piangere in risposta a un'azione comune quale il movimento di una mano [6].

Si tende attualmente a considerare il riso e il pianto spastico come un disturbo legato all'espressione delle emozioni piuttosto che un disturbo dell'umore in cui invece gli episodi di riso e pianto, anche se improvvisi o eccessivi, sono sempre appropriati al contesto. Sebbene tale disturbo possa sovrapporsi a uno stato di labilità emotiva, i termini non sono sinonimi in quanto anche in questa ultima condizione gli episodi di riso e pianto sono sempre scatenati da stimoli appropriati. Particolare attenzione si deve porre anche nel differenziare questo disturbo dagli episodi di riso e pianto secondari all'assunzione di sostanze, a psicosi o a disturbi della personalità.

Il riso e pianto spastico sono stati descritti in varie patologie del SNC quali SM [7], sclerosi laterale amiotrofica [8], epilessia gelastica [9], malattia di Alzheimer [10], stroke [11] e neoplasie cerebrali [12]. Negli studi su pazienti con lesioni cerebrovascolari tale condizione è stata associata a un coinvolgimento dei tratti cortico-bulbari, in particolare a livello della capsula interna, dei peduncoli cerebrali e della base del ponte, deputati al controllo dei movimenti necessari per ridere e piangere [13].

Il riso e pianto spastico costituisce uno dei quattro più frequenti disturbi dell'affettività descritti nella SM e costituisce per il paziente un sintomo generalmente stressante e socialmente inabilitante.

Le differenze nella definizione del disturbo, nei criteri diagnostici e nelle popolazioni esaminate nei diversi studi spiega in parte la grande variabilità nei dati di prevalenza riportati in alcuni studi (frequenze nella SM variabili dal 7 al 95%).

Cottrel e Wilson [1] sono stati i primi autori a interessarsi a questo disturbo; essi hanno osservato una coorte di 100 pazienti affetti da SM riscontrando che il 71% dei pazienti sorridevano o ridevano costantemente, il 19% presentava sia episodi di riso sia episodi di pianto, il 3% piangeva costantemente e il 2% presentava cambiamenti repentini da uno stato all'altro. Sebbene lo studio abbia analizzato in dettaglio il problema, sono presenti numerosi errori metodologici che ne ridimensionano i risultati: i pazienti sono stati arruolati presso un centro di riferimento di terzo livello e non sono stati specificati criteri di selezione e classificazione dei disturbi.

Nel 1941, Langworthy e coll. [14] hanno condotto uno studio su 199 pazienti ambulatoriali con SM evidenziando che, nelle fasi avanzate della malattia, alcuni pazienti manifestavano riso e pianto spastico, sintomi che gli autori hanno classificato nell'ambito di una paralisi pseudobulbare. Tale disturbo era presente in 13 pazienti con una prevalenza del 6,5%, frequenza notevolmente inferiore rispetto a quanto precedentemente riportato. La maggior parte dei pazienti presentava episodi di pianto incontrollato mentre alcuni passavano repentinamente da episodi di riso a episodi di pianto.

Lo studio di Sugar e Nadel [15] su 28 pazienti ospedalizzati affetti da SM e con una lunga storia di malattia, ha rilevato che il 79% dei pazienti presentava manifestazioni emotive esagerate; essi hanno osservato, inoltre, che il 43% dei pazienti sorridevano o ridevano costantemente, il 25% presentava un quadro misto (sia episodi di riso sia episodi di pianto), il 7% piangeva costantemente e il 4% presentava cambiamenti repentini da uno stato all'altro. Tuttavia la scarsa numerosità del campione rende tali dati poco rappresentativi.

Uno studio successivo condotto da Pratt [16] ha confrontato 100 pazienti ambulatoriali affetti da SM (con esclusione delle forme più avanzate di malattia) con un gruppo di controllo di 100 pazienti affetti da altre patologie organiche del sistema nervoso utilizzando lo stesso questionario applicato da Cottrel e Wilson [1]. I dati emersi dallo studio hanno dimostrato che i pazienti con SM presentano disturbi dell'affettività nel 53% dei casi, manifestando più frequentemente riso (22%) o pianto (29%) patologico rispetto al gruppo di controllo, e che tali disturbi sono direttamente correlati con il grado di disabilità e di compromissione cognitiva.

L'introduzione dei criteri diagnostici di Poeck [6], secondo i quali il riso e pianto spastico vengono identificati da: a) improvvisa perdita del controllo emozionale in varie occasioni nell'arco di un mese; b) episodi che si verificano in risposta a stimoli non specifici; e c) assenza di correlazione con corrispondenti alterazioni dell'umore, ha permesso una migliore valutazione della prevalenza di tale disturbo permettendo di discriminare il riso e pianto spastico dalla labilità emotiva.

Surridge [17] ha analizzato la frequenza dei disturbi psichiatrici in 108 pazienti affetti da SM e in 39 controlli affetti da distrofia miotonica, patologia neurologica a elevata disabilità ma senza coinvolgimento cerebrale. I risultati dello studio hanno dimostrato che nel 10% dei pazienti con SM si verificano risposte emotive esagerate mentre nessun caso è descritto nel gruppo di controllo, suggerendo che tali disturbi siano direttamente correlati a una lesione organica piuttosto che alla disabilità.

Studi più recenti, che hanno utilizzato i criteri di Poeck in associazione a scale cliniche di valutazione appropriate, hanno confermato questo dato evidenziando frequenze di prevalenza più basse rispetto a quelle inizialmente descritte da Cottrel e Wilson [1].

Feinstein e coll. [7] hanno analizzato un campione di 152 pazienti con SM applicando i suddetti criteri in associazione alla scala PLACS [18], una scala specifica per la classificazione del riso e pianto spastico che valuta l'intensità del disturbo, la relazione con eventi esterni, il grado di controllo volontario, la non appropriatezza in relazione all'umore e il livello di stress indotto dal disturbo. È stato introdotto anche un gruppo di controllo composto da 13 pazienti con SM che non presentavano disturbi dell'affettività. Tutti i pazienti sono stati sottoposti a una batteria di test

6

neuropsicologici ed è stata valutata la presenza di ansia e depressione. Lo studio caso-controllo di Feinstein ha riportato una frequenza di riso e pianto spastico del 9,9%, confermando le frequenze riportate precedentemente [14, 17] e dimostrando che il sesso e l'età non influiscono sul riso e pianto spastico ma che, come riportato anche per l'euforia, tale disturbo si presenta con maggiore frequenza nei pazienti con una lunga durata di malattia, un decorso cronico progressivo e una maggiore disabilità. Nessuna associazione è stata evidenziata tra il riso e pianto spastico e un coinvolgimento del tronco encefalico o i disturbi dell'umore.

Attualmente l'esatta base neurologica del riso e pianto spastico non è completamente nota. Secondo una delle prime ipotesi formulate [19] il disturbo sarebbe determinato dalla perdita dell'attività inibitoria volontaria su un presunto centro deputato al controllo del riso e del pianto localizzato nel tronco dell'encefalo (ipotesi della disinibizione), centro che sarebbe in grado di regolare i movimenti facciali e respiratori connessi all'azione del riso e del pianto. In condizioni fisiologiche il riso e il pianto sarebbero regolati da due differenti vie anatomiche: una che connette regioni cerebrali non ancora note con i centri del riso e del pianto troncali e che è coinvolta nel controllo involontario della motilità facciale e respiratoria; una che connette le aree motorie con i centri troncali ed è coinvolta nel controllo volontario della motilità facciale e respiratoria. Questa ipotesi è, tuttavia, insoddisfacente; infatti, lascia irrisolte numerose questioni: ad esempio, non spiega perché un paziente presenti episodi di riso o pianto in risposta allo stesso stimolo, perché risponda in modo incongruo agli stimoli o perché possa mimare volontariamente il riso o il pianto.

Attualmente, sulla base di studi clinici retrospettivi e di esperienze su singoli casi, si ritiene che tale disturbo sia determinato da una disfunzione nei circuiti cerebrali che coinvolgono la corteccia [20], il tronco [21] e il cervelletto [22].

La descrizione di pazienti con lesioni ischemiche nelle aree cerebrali anteriori, nei quali i segni di liberazione frontale di associano a riso e pianto spastico, ha confermato lo stretto legame tra questa struttura e le strutture sottocorticali che controllano l'umore e l'affettività, suggerendo un possibile coinvolgimento della corteccia prefrontale nell'eziologia di questo disturbo [23, 24]. Secondo lo studio di Feinstein e coll. [20], i pazienti con SM e riso e pianto spastico manifestano un deficit delle funzioni frontali più severo rispetto ai pazienti che non presentano tale disturbo; ciò suggerirebbe un coinvolgimento delle aree frontali della corteccia. In particolare, dal momento che i pazienti non presentano differenze significative rispetto ai controlli nel Wisconsin Card Sorting Test, che valuta il deficit frontale limitato alla corteccia prefrontale dorso-laterale, è stato ipotizzato un possibile ruolo della corteccia orbito-frontale.

Un recente studio di RM ha confrontato 14 pazienti affetti da SM con riso e pianto spastico con 14 pazienti con SM senza tale disturbo; è stata rilevata la presenza di un carico lesionale maggiore a livello del tronco, delle regioni inferiori del lobo parietale e delle regioni medio-inferiori del lobo frontale, bilateralmente, e delle regioni mediali superiori del lobo frontale destro nei pazienti con riso e pianto spastico rispetto ai controlli. Tale dato conferma l'importanza della corteccia frontale nella patogenesi del riso e pianto spastico, suggerendo la presenza di una complessa rete neurale che coinvolge oltre al tronco anche la corteccia parietale [21].

Bibliografia

1. Cottrel SS, Wilson SAK (1926) The affective symptomatology of disseminated sclerosis. J Neurol Psycopathol 7:1–30
2. Minden SL, Schiffer RB (1990) Affective disorders in multiple sclerosis: review and recommendations for clinical research. Arch Neurol 47:98–104
3. Fishman I, Benedict RH, Bakshi R et al (2004) Construct validity and frequency of euphoria sclerotica in multiple sclerosis. J Neuropsychiatry Clin Neurosci 16:350–356
4. Meyerson RA, Richard IH, Schiffer RB (1997) Mood disorders secondary to demyelinating and movement disorders. Semin Clin Neuropsychiatry 2:252–264
5. Rabins PV, Brooks BR, O'Donnell P et al (1986) Structural brain correlates of emotional disorder in multiple sclerosis. Brain 109:585–597
6. Poeck K (1969) Pathophysiology of emotional disorders associated with brain damage. In: Vinken PJ, Bruyn GW (eds) Handbook of clinical neurology, Vol.3. North Holland Publishing Company, Amsterdam, pp. 343–367
7. Feinstein A, Feinstein K, Gray T et al (1997) Prevalence and neurobehavioral correlates of pathological laughing and crying in multiple sclerosis. Arch Neurol 54:1116–1121
8. McCullagh S, Moore M, Gawel M et al (1999) Pathological laughing and crying in amyotrophic lateral sclerosis: an association with prefrontal cognitive dysfunction. J Neurol Sci 169:43–48
9. Arroyo S, Lesser RP, Gordon B et al (1993) Mirth, laughter and gelastic seizures. Brain 116:757–780
10. Starkstein SE, Migliorelli R, Tesón A et al (1995) Prevalence and clinical correlates of pathological affective display in Alzheimer's disease. J Neurol Neurosurg Psychiatry 59:55–60
11. Morris PL, Robinson RG, Raphael B (1993) Emotional lability after stroke. Aust N Z J Psychiatry 27:601–605
12. Monteil P, Cohadon F (1996) Pathological laughing as a symptom of a tentorial edge tumour. J Neurol Neurosurg Psychiatry 60:370
13. Kim JS, Choi-Kwon (2000) Poststroke depression and emotional incontinence correlation with lesion location. Neurology 54:1805–1810
14. Langworthy OR, Kolb LC, Androp S (1941) Disturbances of behavior in patients with disseminated sclerosis. Am J Psychiatry 98:243–249
15. Sugar C, Nadell R (1943) Mental symptoms in Multiple Sclerosis. The Journal of Nervous and Mental Disease 98:267–280
16. Pratt RC (1951) An investigation of the psychiatric aspects of disseminated sclerosis. J Neurol Neurosurg Psychiatry 14:326–336
17. Surridge D (1969) An investigation into some psychiatric aspects of multiple sclerosis. Br J Psychiatry 115:749–764
18. Robinson RG, Parikh RM, Lipsey JR et al (1993) Pathological laughing and crying following stroke: validation of a measurement scale and a double-blind treatment study. Am J Psychiatry 150:286–293
19. Wilson SAK (1924) Some problems in neurology. II: Pathological laughing and crying. J Neurol Psychopathol 6:299–333
20. Feinstein A, O'Connor P, Gray T et al (1999) Pathological laughing and crying in multiple sclerosis: a preliminary report suggesting a role fort he prefrontal cortex. Mult Scler 5:69–73
21. Ghaffar O, Chamelian L, Feinstein A (2008) Neuroanatomy of pseudobulbar affect: a quantitative MRI study in multiple sclerosis. J Neurol 255:406–412
22. Parvizi J, Anderson SW, Martin CO et al (2001) Pathological laughter and crying: a link to the cerebellum. Brain 124:1708–1719
23. Langworthy OR, Esser FH (1940) Syndrome of pseudobulbar palsy. Anatomic and physiologic analysis. Arch Intern Med 65:106–121
24. Ross ED, Stewart RS (1987) Pathological display of affect in patients with depression and right frontal brain damage. An alternative mechanism. J Nerv Ment Dis 175:165–172

Il crescere dell'attenzione e delle acquisizioni sul tema della depressione, dei disturbi d'ansia e di altri disturbi psichiatrici nei pazienti con SM presagiva un fiorire di studi sull'elaborazione delle emozioni in questi stessi pazienti. L'interesse per l'argomento è documentato da quanto riportato in alcune review di esperti di comorbidità psichiatrica nella SM. Tali autori [1], non solo attestano che alcuni stati emozionali, come l'esperienza della rabbia, sono particolarmente frequenti nei pazienti con SM [2–4] ma, vista la rilevanza del tema e la paucità di dati empirici, invitano i ricercatori a effettuare adeguati approfondimenti.

L'esistenza di relazioni tra alterazioni emozionali e disturbi psichiatrici non può essere messa in discussione; si tende a vedere questa relazione in termini di sintomi (le alterazioni emozionali) all'interno di una sindrome (il disturbo depressivo); ma la realtà di tali relazioni è molto più complessa e articolata; anche i nessi di causalità potrebbero essere interpretati sia in una direzione (ad esempio, lo stato depressivo è all'origine di eventuali attacchi di rabbia) che nell'altra (una certa modalità di elaborazione degli stimoli emozionali può portare allo sviluppo della depressione).

I pazienti con patologie del sistema nervoso rappresentano un'importante fonte di informazioni; in questi pazienti è possibile identificare con grande precisione (grazie alle moderne tecniche di neuroimaging) sia la localizzazione delle lesioni che la funzionalità delle aree cerebrali che sostengono l'elaborazione delle emozioni.

Tali ricerche potrebbero non solo chiarire l'eziopatogenesi di alcuni disturbi presentati dai pazienti con patologie neurologiche quali la SM, ma fornire dati utili alla comprensione della genesi degli stessi disturbi psico-emotivi.

Proprio nell'ultimo anno questa opportunità sembra aver iniziato a ricevere una qualche attenzione da parte dei ricercatori.

Il primo studio si basa su una valutazione diretta del profilo di elaborazione di una delle emozioni fondamentali in pazienti con SM. Nocentini e coll. [5] hanno sottoposto un campione di 195 soggetti con SM, clinicamente definita, a una scala che misura vari aspetti della rabbia: i 195 pazienti sono stati selezionati all'interno di un campione di 300 pazienti sulla base dell'assenza di significative compromissioni co-

7

gnitive; questo perché la compromissione cognitiva avrebbe potuto distorcere i risultati delle valutazioni psico-emozionali. Per la valutazione delle funzioni cognitive è stata impiegata una batteria di test in grado di esplorare le aree cognitive più frequentemente interessate dai processi patologici della SM (funzioni attentive e velocità di elaborazione delle informazioni; funzioni mnesiche; funzioni esecutive; funzioni visuo-spaziali). Inoltre, i pazienti sono stati valutati con una scala per la depressione (CMDI) [6]; una scala per l'ansia (STAI Y) [7] e, per quanto riguarda la rabbia, con la STAXI, *State-Trait Anger eXpression Inventory* [8]. Quest'ultima scala consente di raccogliere informazioni sui livelli di rabbia di tratto (la predisposizione a reagire con rabbia a determinati stimoli), la rabbia di stato (il livello di rabbia che si prova attualmente), la rabbia espressa verso l'esterno (persone o oggetti), la rabbia trattenuta e il controllo della rabbia.

In base ai dati raccolti, i pazienti con SM non presentano livelli di rabbia di tratto, di stato e di rabbia rivolta verso l'esterno significativamente diversi da quelli della popolazione generale; ma, con una certa sorpresa, presentano alti livelli di rabbia trattenuta e bassi livelli di controllo della rabbia. Questo profilo non corrisponde a quanto si rileva nei normali processi di elaborazione della rabbia: infatti, agli alti livelli di rabbia trattenuta dovrebbero corrispondere alti livelli di controllo della rabbia. È possibile che il profilo presentato dai pazienti con SM sia dovuto alla interferenza del danno neuroanatomico con i circuiti cortico-sottocorticali che permettono l'elaborazione emozionale. In assenza di dati di neuroimmagini ottenuti negli stessi pazienti, si tratta solo di un'ipotesi.

Un altro recentissimo studio fornisce dati a sostegno della suddetta ipotesi. Infatti, Passamonti e coll. [9] hanno sottoposto 12 pazienti con SM (forma recidivante-remittente; non cognitivamente compromessi) e 12 soggetti sani di controllo a un esame di RM funzionale mentre venivano esposti o a degli stimoli (volti) con contenuto emozionale (espressioni di rabbia, gioia, tristezza) o a stimoli emozionalmente neutri. I pazienti con SM non hanno evidenziato differenze significative, rispetto ai controlli sani, in termini di performance nel compito: presentavano, però, l'attivazione di porzioni più estese di aree cerebrali coinvolte nell'elaborazione emozionale e una ridotta connettività funzionale tra l'amigdala e le aree prefrontali, strutture considerate cruciali nella elaborazione di emozioni negative.

Sempre nel 2009 è stato pubblicato il lavoro di Krause e coll. [10]. Tali autori hanno utilizzato la RM funzionale per valutare le correlazioni tra un compito di riconoscimento di espressioni facciali delle emozioni e dati di natura lesionale e funzionale. Sono stati studiati 3 gruppi di soggetti: pazienti con SM con e senza turbe affettive e un gruppo di volontari sani. Considerando le mappe di attivazione ottenute in corso di presentazione di volti con espressioni emozionali "spiacevoli" (tristezza, paura, rabbia), i pazienti con turbe affettive mostravano una ridotta attivazione della porzione ventro-laterale della corteccia pre-frontale e dell'insula in emisfero sinistro. La riduzione della attivazione nelle suddette aree corticali correlava con la presenza di lesioni nella sostanza bianca temporale sinistra che poteva, di fatto, essere all'origine di una disconnessione funzionale dei circuiti delle emozioni.

Ulteriori dati a favore di deficit nel riconoscimento delle emozioni nei pazienti con SM vengono da uno studio esplorativo delle relazioni tra velocità nel riconoscimento di emozioni e performance cognitive [11]: pazienti con CIS e SM mostrano tempi di reazione superiori ai controlli sani; la "lentezza" nel riconoscere le emozioni correla con la prestazione al *Face Symbol Test*, un test di screening del funzionamento cognitivo.

L'ultimo lavoro che vogliamo presentare prende in esame, oltre al tema della comprensione degli stimoli emozionali, un argomento collegato: la capacità di utilizzare la "teoria della mente"; con questi termini ci si riferisce all'abilità, forse unica degli esseri umani, di elaborare delle ipotesi (teoria) sui pensieri presenti nella mente di un altro individuo; tale funzione ha un importante ruolo nel permettere le interazioni inter-umane e sociali, è fondamentale per la sopravvivenza di esseri che vivono in comunità articolate e complesse, sembra sicuramente legata alla elaborazione delle emozioni. Henry e coll. [12] hanno sottoposto un campione di soggetti con SM e uno di soggetti sani di controllo a una serie di test; alcuni di questi esploravano le capacità di elaborare una teoria della mente e di riconoscere le emozioni espresse da volti. È emerso che i pazienti con SM presentano deficit sia nel riconoscimento delle emozioni che nell'elaborare una teoria della mente; le prestazioni in queste prove correlano con quelle in prove che esplorano le funzioni esecutive e la velocità di elaborazione delle informazioni. Tali corrispondenze tra determinate prestazioni cognitive e capacità di elaborare o utilizzare una teoria della mente, puntano su una comune origine dei deficit nel funzionamento dei circuiti cortico-sottocorticali che governano sia l'elaborazione delle emozioni che le funzioni esecutive; circuiti in cui sono in primo piano l'amigdala e le aree prefrontali. Tra l'altro, come sostenuto da alcuni studiosi [13], il reciproco ruolo delle emozioni e della ragione nel guidare i nostri comportamenti non può essere più letto in termini di interferenza delle prime sulla seconda o di controllo della seconda sulle prime; è stato dimostrato che deficit nella elaborazione delle emozioni comportano una perdita o una riduzione della capacità di scegliere tra comportamenti proficui e dannosi; tale difficoltà potrebbe essere dovuta ai limiti che la deficitaria elaborazione emozionale comporta per la costruzione della teoria della mente.

I dati riportati in precedenza confermano l'interesse che merita l'argomento dell'elaborazione emozionale e delle funzioni ad essa correlate: lo studio di questi aspetti nei pazienti con SM, oltre che necessario, appare possibile e fruttuoso.

Quindi, nei prossimi anni, assisteremo a uno sviluppo della ricerca in questo campo. Una interessante possibilità di approfondimento dei temi a cui si è accennato è rappresentata dal confronto tra pazienti con diverse patologie neurologiche, tenendo conto delle differenze dei quadri lesionali che rendono tali patologie degli utili modelli di differente coinvolgimento delle strutture cerebrali (es. opposizione tra modelli di patologia corticale e patologia sottocorticale).

Bibliografia

1. Mohr DC, Cox D (2001) Multiple sclerosis: empirical literature for the clinical health psychologist. J Clin Psychology 57:479–499

7

2. Minden SL (1992) Psychotherapy for people with multiple sclerosis. Neuropsychiatry 4:198–213

3. Pollin I (1995) Medical crisis counselling: short-term therapy for long-term illness. New York, Norton

4. Mohr DC, Dick LP (1998) Multiple sclerosis. In: Camic PM, Knight S (eds) Clinical handbook of health psychology: a practical guide to effective interventions. Seattle, Hogrefe & Huber, pp 313–348

5. Nocentini U, Tedeschi G, Migliaccio R et al (2009) An exploration of anger phenomenology in Multiple Sclerosis. Eur J Neurol 16:1312–1317

6. Solari A, Motta A, Mendozzi L et al (2003) Italian version of the Chicago multiscale depression inventory: translation, adaptation and testing in people with multiple sclerosis. Neuro Sci 24:375–383

7. Spielberger CD, Gorsuch RL, Lushene RE (1989) STAI State-Trait Anxiety Inventory – Forma Y. Edizione italiana a cura di Pedrabissi L e Santinello M. Firenze, Organizzazioni Speciali

8. Spielberger CD (1992) STAXI State-Trait Anger Expression Inventory. Versione e adattamento italiano a cura di AL Comunian. Firenze, Organizzazioni Speciali

9. Passamonti L, Cerasa A, Liguori M et al (2009) Neurobiological mechanisms underlying emotional processing in relapsing-remitting multiple sclerosis. Brain 132:3380–3391

10. Krause M, Wendt J, Dressel A et al (2009) Prefrontal function associated with impaired emotion recognition in patients with multiple sclerosis. Behav Brain Re 205:280–285

11. Jehna M, Neuper C, Petrovic K et al (2010) An exploratory study on emotion recognition in patients with a clinically isolated syndrome and multiple sclerosis. Clin Neurol Neurosurg 112:482–484

12. Henry JD, Phillips LH, Beatty WW et al (2009) Evidence for deficits in facial affect recognition and theory of mind in multiple sclerosis. J Int Neuropsychol Soc 15:277–285

13. Damasio A (1995) L'errore di Cartesio. Emozione, ragione e cervello umano. Adelphi

Parte III
I disturbi cognitivi nella sclerosi multipla

U. Nocentini, S. Romano, C. Caltagirone

La presenza di disturbi cognitivi nei pazienti con SM era stata già individuata da Charcot, come si può dedurre dalle sue descrizioni della malattia risalenti al 1877 [1]. Dopo un lungo periodo, in cui tali disturbi non hanno ricevuto la giusta attenzione dalla maggior parte degli autori, negli ultimi 30 anni sono stati fatti notevoli progressi nella comprensione delle loro caratteristiche quantitative e qualitative. Dati sulla frequenza dei disturbi cognitivi sono estremamente variabili e dipendono dalle metodologie utilizzate e dal tipo di pazienti esaminati. Secondo gli studi metodologicamente più corretti circa il 45-65% dei pazienti con SM mostra disfunzioni cognitive di una certa entità [2–6]. Si va da disturbi selettivi di specifiche funzioni sino a una compromissione grave e diffusa.

I deficit cognitivi sono considerati la principale causa delle difficoltà che i pazienti incontrano nella loro vita sociale e professionale [7]; infatti, la maggior parte dei pazienti che presentano disturbi cognitivi risultano essere disoccupati e meno coinvolti in attività sociali e ricreative. Inoltre, più spesso dipendono da altre persone per le attività di vita quotidiana rispetto a pazienti con SM che non presentano compromissioni cognitive [8].

Pur non essendo ancora del tutto chiara la relazione esistente tra forma clinica di SM e gravità del danno cognitivo, gli studi più recenti sembrerebbero confermare l'ipotesi che ci sia un maggior coinvolgimento nelle forme SP e PP rispetto alle forme RR [9–11].

Per quanto riguarda le correlazioni tra il grado di disabilità fisica (misurato prevalentemente sulla base della EDSS di Kurtzke [12]) e le prestazioni nei test neuropsicologici, vi sono sia studi che hanno dimostrato una correlazione positiva che studi che non supportano tale dato; in particolare il punteggio dell'EDSS avrebbe una modesta capacità predittiva nei confronti della prestazione cognitiva [3]. In un recente lavoro che ha esplorato i pattern di compromissione cognitiva in 461 pazienti con la forma RR di SM [13] emergono in realtà delle correlazioni anche notevolmente significative tra il punteggio dell'EDSS e la prestazione a diversi test neuropsicologici: tali correlazioni sembrano, però, la conseguenza più della notevole dimensione numerica del campione e degli effetti statistici dell'elevato numero di correlazioni effettuate; a proposito di questo secondo punto le correzioni introdotte sul piano statistico per il problema delle misure ripetute hanno attenuato ma, probabilmente, non annullato le distorsioni; si deve, comunque, concludere che il valore predittivo del punteggio dell'EDSS nei confronti dello status cognitivo non è utile a livello del singolo paziente. Non sono per ora disponibili dati sul valore predittivo in relazione alla compromissione cognitiva di altri strumenti di valutazione dello stato funzionale generale nei pazienti con SM. Il più recente tentativo di superare il problema è stato quello di costruire uno strumento che contenga già un test per la valutazione di almeno un aspetto del funzionamento cognitivo: tale strumento, il Multiple Sclerosis Functional Composite [14], prevede la somministrazione di una versione del PASAT, test che esplora le capacità attentive e la memoria di lavoro; tale test è stato scelto per la sua sensibilità e perché esplora alcune funzioni frequentemente compromesse nei pazienti con SM; è stata già proposta, però, la sostituzione del PASAT con un altro test neuropsicologico che ha dimostrato una particolare sensibilità e specificità nell'identificare la compromissione cognitiva nei pazienti con SM, il Symbol Digit Modalities Test, SDMT [13, 15–17].

In merito alle correlazioni tra il grado e le caratteristiche del danno cognitivo e l'estensione del danno anatomico così come evidenziato dalla Risonanza Magnetica (RM), negli ultimi anni si è assistito a un notevole incremento dei lavori dedicati all'argomento. Una trattazione specifica e dettagliata dei dati emersi da tali lavori è molto oltre le finalità di questo libro. Pertanto, ci limiteremo a un breve escursus sui successivi sviluppi che si sono succeduti nel campo. I primi lavori non avevano mostrato relazioni particolarmente significative tra deficit cognitivi e dati di RM; con un primo affinamento delle tecniche e dei metodi di elaborazione delle immagini si era giunti a dimostrare l'esistenza di correlazioni tra parametri di RM relativi ad alcune regioni cerebrali e specifiche prestazioni cognitive, in particolare quelle appartenenti alle funzioni dei lobi frontali. Ad esempio, sono state riscontrate correlazioni significative tra entità delle lesioni (carico lesionale) a livello del lobo frontale sinistro e il numero di risposte perseverative al Wisconsin Card Sorting Test [18, 19]. I risultati di altri lavori evidenziavano, però, che tali correlazioni non potevano essere considerate univoche; infatti, le prestazioni nei test che esplorano le funzioni frontali presentavano correlazioni sia con gli indici relativi all'estensione delle lesioni a carico dei lobi frontali che con indici relativi al carico lesionale globale e con indici di atrofia [20, 21]. Come riportato nella sezione sulle neuroimmagini, nel corso degli anni la disponibilità di nuove tecniche ha permesso di mettere in luce la presenza di alterazioni patologiche ben oltre le regioni cerebrali in cui è prevalente la componente mielinica: è stato dimostrato il coinvolgimento della componente assonale, delle strutture di sostanza grigia sia corticali che dei nuclei profondi, quali il talamo e i gangli della base. Sono di conseguenza aumentate le segnalazioni di relazioni significative tra la compromissione di varie funzioni cognitive e il grado di danno anatomico in tali strutture corticali e sottocorticali.

Negli anni ancora più recenti si sono aggiunti gli studi che hanno utilizzato tecniche di RM funzionale al fine di valutare ulteriori caratteristiche dei deficit cognitivi e le loro relazioni con i pattern di attivazione di varie strutture cerebrali.

Per una revisione sintetica, ma esplicativa, dei progressi nel campo delle relazioni tra dati di neuroimmagine e deficit cognitivi si rimandano i lettori interessati a un recente lavoro di revisione sull'argomento [22].

In ogni caso, anche la recente ondata di lavori sul tema delle compromissioni cognitive nei pazienti con SM, conferma che vi sono delle aree cognitive più frequentemente interessate (attenzione, memoria, velocità di elaborazione delle informazioni, funzioni esecutive, percezione visuo-spaziale) e altre abilità (livello intellettivo generale e alcune componenti della memoria e del linguaggio) che risultano invece essere relativamente preservate.

8.1
Funzioni attentive ed elaborazione delle informazioni

Tra le funzioni cognitive più spesso compromesse a causa della SM vi è certamente l'attenzione. L'attenzione è una funzione complessa a più componenti: i processi attentivi hanno a che fare con la capacità di dirigere e focalizzare la propria attività mentale secondo scopi prefissati, esercitando funzioni di controllo e integrazione nei confronti di numerose altre abilità cognitive. Un modello clinico diffuso e generalmente riconosciuto suddivide l'attenzione in cinque sottocomponenti principali: allerta; attenzione sostenuta; attenzione selettiva; alternanza attentiva; attenzione divisa. La funzione di allerta permette di rispondere a un segnale in assenza di distrattori. Viene suddivisa in: a) allerta tonica: il livello di attivazione sempre presente; b) allerta fasica: incremento della capacità di risposta in relazione a uno stimolo di allarme o a un segnale. L'attenzione sostenuta consiste nella capacità di mantenere un adeguato livello di prestazione durante un'attività continua e ripetitiva. Nel caso di disturbi di questa componente, si hanno cadute progressive (effetto *time on task*) e/o improvvise (*lapses of attention*) della concentrazione. L'attenzione selettiva o focale si riferisce all'abilità di isolare gli stimoli target dai distrattori. I termini alternanza attentiva, invece, fanno riferimento alla capacità di spostare il proprio focus attentivo da un compito a un altro. È pertanto una componente attentiva che richiede capacità di flessibilità mentale. Infine, l'attenzione divisa rende possibile orientare e mantenere la propria attività mentale su più stimoli contemporaneamente. Strettamente legato ad alcune delle componenti attentive sopra menzionate è il concetto di *working-memory*. Tale funzione permette di mantenere l'informazione attiva per il tempo necessario a compiere una determinata attività, per poi orientare l'attenzione verso un altro compito o ritornare a un'attività precedente. Il costrutto della *working-memory* prevede una serie di processi di controllo attivi (ad es.: strategie di reiterazione, codifica, gestione e recupero delle informazioni). Pertanto, essa dipende anche dai processi esecutivi. Baddeley e Hitch [23] descrivono un sistema correlato alla *working-memory*, definito *central executive,* che costituisce l'interfaccia tra il magazzino di memoria a lungo termine e la *working-memory*. Le componenti attentive sono tutte strettamente collegate alla *working-memory* e ai processi esecutivi.

Numerosi studi hanno evidenziato come i processi di elaborazione delle informazioni siano compromessi precocemente nei pazienti affetti da SM [13, 24–28]. L'efficienza nella elaborazione delle informazioni dipende dall'abilità e dalla velocità con cui l'informazione viene mantenuta ed elaborata da parte delle strutture cerebrali.

Tra le prime ricerche effettuate su questi aspetti del funzionamento cognitivo, lo studio di Rao e coll. [24] ha rilevato che pazienti affetti da SM richiedevano maggior tempo, rispetto ai controlli, per determinare se un numero specifico era incluso o meno in una serie di numeri da ricordare; poiché i due gruppi avevano livelli di accuratezza simile, gli autori suggerivano la presenza di un deficit di velocità di elaborazione dell'informazione nel gruppo costituito da pazienti con SM.

Molti degli studi effettuati da questo momento in poi sull'argomento, pur avendo fornito informazioni importanti circa uno dei disturbi cognitivi più rilevanti e precoci, hanno generato una certa confusione tra i termini di velocità e accuratezza della prestazione; in altre parole, non si è riusciti a quantificare la velocità di elaborazione delle informazioni controllando l'accuratezza di esecuzione della prestazione.

Alla luce di questa esperienza, l'obiettivo della ricerca effettuata da Demaree e coll. [25] era proprio quello di valutare l'attenzione e l'elaborazione dell'informazione attraverso l'uso di prove opportunamente modificate, in modo tale da ottenere una misurazione della velocità di elaborazione delle informazioni e contemporaneamente controllare l'accuratezza della performance. Per effettuare questo studio, gli autori hanno utilizzato il test PASAT [29], ritenuto particolarmente adatto per i pazienti con SM in quanto non comporta un coinvolgimento di abilità visuo-motorie. La versione normalmente utilizzata di questo test prevede una variazione del tempo di presentazione degli stimoli numerici presentati. Poiché nei pazienti con SM una maggiore velocità di presentazione determina un decremento nell'accuratezza della performance, l'uso di questo test non permette di misurare la velocità di elaborazione delle informazioni, controllando l'accuratezza della performance; il protocollo appositamente ideato per questo studio era in grado di valutare i livelli di accuratezza della performance dopo aver stabilito per ciascun soggetto la velocità ottimale di presentazione degli stimoli.

I risultati hanno suggerito che quando ai pazienti viene concesso il tempo di cui hanno bisogno per la codifica delle informazioni, la prestazione risulta sovrapponibile a quella dei soggetti sani di controllo in termini di accuratezza. La velocità di elaborazione dell'informazione sarebbe, dunque, un fattore chiave che influenza la codifica nella *working-memory*. I dati emersi da questi studi suggerirebbero, pertanto, che al di là di quali siano le componenti attentive maggiormente coinvolte (attenzione divisa e sostenuta), ciò che appare di fondamentale importanza, nell'interpretazione dei risultati, è di non confondere la "lentezza" delle prestazioni con la "scarsa" qualità delle stesse. I deficit della velocità di elaborazione delle informazioni sembrano avere un valore predittivo nei confronti della progressione della compromissione cognitiva. Tali deficit si presentano spesso insieme a quelli di vari aspetti della memoria (memoria di lavoro e memoria a lungo termine); non sempre è facile identificare la direzione dell'influenza di una funzione sull'altra: è stata, comunque, riscontrata una maggiore frequenza di deficit della velocità di elaborazione delle informazioni rispetto ai deficit della memoria di lavoro [28].

Per quanto riguarda i deficit delle componenti attentive presentate all'inizio del paragrafo, la maggior parte dei dati farebbero escludere compromissioni degli aspetti basali dell'attenzione, come l'allerta. Al contrario, deficit delle altre componenti attentive sono stati riscontrati anche in pazienti con SM in fase iniziale. Lo studio di Dujardin e coll. [30] ha valutato le capacità di attenzione sostenuta e selettiva semplice e complessa in un gruppo di pazienti con esordio recente di SM, attraverso un programma che prevedeva la ricerca su uno schermo di stimoli target tra alcuni distrattori. Il paziente veniva istruito a rispondere nel minor tempo possibile e a compiere il minor numero di errori. Venivano calcolati i tempi di risposta e il numero di errori. I risultati di questo studio hanno evidenziato che i pazienti con esordio recente di SM presentano disturbi attentivi. Anche qui, similmente a quanto riscontrato da Demaree e coll. [25], i disturbi attentivi non riguarderebbero tanto l'accuratezza, che rimane uguale a quella dei soggetti sani di controllo, ma sembrerebbero essere una diretta conseguenza del rallentamento cognitivo identificato in questi pazienti. Tale rallentamento è, però, significativo soltanto nei compiti di attenzione selettiva complessa per i quali il carico cognitivo è sensibilmente maggiore. È necessario, però, considerare che la variabilità del significato attribuito ai vari termini usati nel campo delle funzioni attentive dai vari ricercatori non sempre permette il confronto o l'accorpamento dei risultati dei vari studi. Un altro aspetto da considerare nel valutare l'efficienza dei processi attentivi nei pazienti con SM riguarda l'influenza della fatica.

8.2
Funzioni mnesiche

La memoria viene generalmente distinta in memoria a breve termine (MBT) e memoria a lungo termine (MLT). La prima ha una capacità limitata (il cosiddetto *span* di memoria a breve termine) e permette di registrare le informazioni per un periodo limitato di tempo; la MLT consente, potenzialmente, di ritenere una quantità illimitata di informazioni per l'intera vita di un individuo. All'interno della memoria a breve termine viene distinta la *working-memory* [23, 31] ossia la capacità di mantenere presenti e attive informazioni provenienti dall'esterno o dalla MLT, per il tempo necessario a compiere determinate azioni complesse in tappe successive (ad es. impostare un discorso, impostare e risolvere mentalmente compiti aritmetici, organizzare un'attività). Essa è una componente basica della memoria a breve termine; analizza in modo integrato e sincrono le informazioni da apprendere, le ordina in sequenze logiche e ne facilita così l'apprendimento. Come già menzionato, il governo di questa componente funzionale della memoria, definito "Sistema Esecutivo Centrale" [23], ha un ruolo che va ben al di là della capacità mnesica in senso stretto e si integra strettamente con le capacità attentive e con le capacità di elaborazione logica e di programmazione.

Per quanto concerne la MLT essa viene suddivisa in memoria esplicita e memoria implicita. La prima consente un apprendimento e una rievocazione consapevole e cosciente delle informazioni. Essa è suddivisa al suo interno in memoria episodica anterograda, retrograda e in memoria semantica. La memoria episodica antero-

8

grada permette di acquisire nuove informazioni e nei casi di pazienti amnesici, è quella che più comunemente rimane danneggiata; la memoria retrograda permette di ricordare eventi acquisiti nel passato. In generale, nei pazienti con postumi di trauma cranico, è in parte conservata. Spesso, però, si osserva che più l'evento oggetto del ricordo è vicino al trauma subito, maggiore è la probabilità che il soggetto non lo ricordi o lo rievochi solo parzialmente. La memoria semantica è, invece, relativa alle conoscenze enciclopediche e di significato delle informazioni. La memoria implicita, al contrario, permette un apprendimento inconsapevole, non intenzionale. Esempi di quest'ultimo tipo di memoria sono il fenomeno del *priming* e la memoria procedurale. Un compito che mette in luce il fenomeno del *priming* è lo *stem completion*: dopo aver fatto leggere a un soggetto una lista di parole, chiedendogli di esprimere un giudizio di gradimento delle varie parole, gli viene proposto di produrre delle parole di cui vengono fornite solo le tre lettere iniziali; i soggetti, in genere, tendono a produrre le parole facenti parte della lista iniziale più facilmente delle altre parole del lessico (se, ad esempio, nella prima lista il paziente leggeva la parola CASERMA, successivamente tenderà a completare l'iniziale CAS con la parola CASERMA, piuttosto che con la parola CASA). Questo tipo di memoria viene genericamente conservata anche in casi di grave sindrome amnesica [32] e può essere utilizzata per indurre il paziente alla memorizzazione di informazioni o di strategie di compenso del deficit.

La memoria è una delle abilità cognitive maggiormente danneggiate nei pazienti con SM e, anche per questo, è stata ed è oggetto di numerosi studi clinici e sperimentali. Non tutte le componenti mnesiche sono, però, direttamente coinvolte in questa malattia.

La *working-memory* appare generalmente compromessa come diretta conseguenza del generale rallentamento cognitivo [3, 24, 33, 34]. Obiettivo dello studio di Grigsby [34], effettuato su un gruppo di 23 pazienti affetti da SM cronico-progressiva, era di valutare la presenza di deficit di *working-memory* e di valutare se questi fossero ascrivibili in larga misura alle capacità di elaborare le informazioni; un declino nelle abilità di elaborazione delle informazioni avrebbe correlato con un deficit di *working-memory*. Dai risultati è emerso che i punteggi ottenuti al test di fluidità verbale – prova che valuta anche le capacità e la velocità di elaborazione – correlavano significativamente con tutte le misure di memoria a breve termine eccetto la rievocazione immediata di consonanti. Questo risultato è in linea con l'ipotesi che la velocità e la capacità di elaborare le informazioni verbali è associata con la performance a test di *working-memory*. Grigsby e coll. [34] suggeriscono, dunque, che il deficit principale, osservato nella malattia, sia non solo un decremento nella velocità di elaborazione delle informazioni, ma anche nella capacità centrale di elaborazione delle stesse. Tale dato è maggiormente riscontrabile quando i pazienti vengono coinvolti in compiti complessi che richiedono un'elaborazione delle informazioni più profonda. La compromissione nella elaborazione delle informazioni è compatibile con i dati che indicano un danno dei lobi frontali nei pazienti con SM.

Anche le capacità di metamemoria sembrerebbero alterate nei pazienti con SM, poiché questi tendono a sottovalutare i propri disturbi di memoria manifestando, in tal modo, un deficit di consapevolezza del grado di efficienza mnesica [35]. I deficit di metamemoria correlano con il grado di compromissione delle funzioni esecutive.

Altre ricerche hanno rilevato la presenza di disturbi di memoria episodica e semantica a lungo termine nei pazienti con SM. Ad esempio, in base ai dati di Beatty e coll. [36] e di Jennekens-Schinkel e coll. [37] il deficit sarebbe dovuto a una difficoltà nell'accesso alle informazioni; i pazienti con SM rispetto ai controlli ricordano meno item nelle prove di apprendimento di una lista di parole, mentre le curve di apprendimento sono simili tra i due gruppi. Ai test di rievocazione differita, come quello del "Breve racconto" o quello della lista di parole, non si evidenzia un accelerato oblio delle informazioni depositate, con i pazienti con SM che ottengono prestazioni simili a quelle dei controlli, in termini di percentuale di informazioni dimenticate nella rievocazione differita rispetto a quella immediata. Rao e coll. [38], mediante un test in grado di valutare le diverse componenti della memoria (codifica, immagazzinamento, recupero), hanno rilevato che il deficit mnesico era dovuto alla compromissione del recupero delle tracce mnesiche.

Studi successivi [39, 40] sembrano indicare, invece, che nei pazienti con SM il deficit di acquisizione (*encoding*) delle informazioni sia prevalente rispetto a quello di rievocazione. Il primo studio [39] si è proposto di chiarire, attraverso il controllo iniziale della quantità di informazioni apprese, la controversia codifica vs rievocazione (*acquisition vs retrieval*). In questo studio, sebbene il gruppo di pazienti con SM avesse necessità di più presentazioni del materiale per apprendere la stessa quantità di informazioni, non si evidenziavano differenze significative rispetto al gruppo di soggetti di controllo nella capacità di rievocazione o nel riconoscimento del materiale dopo un intervallo di 30 minuti.

Sulla base di tali risultati, gli obiettivi di una ricerca successiva [40] sono stati: replicare e approfondire i risultati ottenuti nel precedente lavoro [39]; verificare se i risultati erano validi e applicabili anche nel caso della memoria visiva; valutare il grado di oblio dal magazzino a lungo termine. È stata utilizzata una versione modificata di un test di apprendimento di una lista di parole (*Selective Reminding Test*) correlate semanticamente. Nella versione usata nello studio, la lista di parole viene presentata per intero fino a quando il soggetto non è in grado di ripetere tutte e dieci le parole del test per due volte consecutive; in tal modo è stato possibile controllare la differenza di acquisizione tra il gruppo di pazienti con SM e il gruppo di controllo. Efficienza e velocità di elaborazione delle informazioni sono state misurate, utilizzando una variante del test attentivo PASAT; la versione utilizzata di questo test (AT-SAT) rende possibile, come già accennato a proposito dello studio di Demaree e coll. [25], effettuare un controllo della velocità di presentazione; per ciascun paziente il programma stabilisce l'optimum di intervallo inter-stimolo (soglia) al quale si ha un numero di risposte corrette in almeno il 50% dei casi. L'apprendimento visivo è stato valutato utilizzando una versione modificata del Test di Memoria Visiva 7/24, particolarmente indicata per la valutazione dei pazienti con SM in quanto non influenzata dal grado di acuità visiva o dalle capacità di controllo motorio. A tutti i soggetti dello studio, inoltre, sono stati somministrati altri test neuropsicologici.

I dati di questo studio confermano che i pazienti con SM necessitano di più trial rispetto ai controlli per apprendere la lista di parole; ciò farebbe pensare che il disturbo di memoria sia dovuto a un deficit in fase di acquisizione delle informazioni. Dopo aver, infatti, controllato le differenze nell'acquisizione di materiale verbale, il gruppo con SM non si differenzia dal gruppo di controllo nel numero di parole rievocate a distanza di 30, di 90 minuti o di una settimana. Pertanto, sulla base dei suddetti lavori, la compromissione della memoria verbale non sarebbe dovuta a deficit di rievocazione dal magazzino a lungo termine, ma a deficit nell'acquisizione iniziale del materiale verbale da apprendere. Inoltre, non si è evidenziata alcuna differenza nel grado di oblio del materiale verbale appreso tra pazienti con SM e soggetti di controllo; il dato confermerebbe che una volta acquisita, l'informazione verbale viene rievocata e riconosciuta nella stessa misura dei controlli, anche a distanza di una settimana dal primo apprendimento.

Per quanto riguarda la memoria visiva, i dati emersi dallo studio [40], mostrano un pattern lievemente diverso; nei test di memoria visiva, i pazienti con SM vanno significativamente peggio, rispetto ai controlli, sia nella rievocazione che nel riconoscimento a distanza di 30 e di 90 minuti dopo l'acquisizione; ciò non permette di chiarire se il deficit della memoria visiva dipenda da una compromissione in fase di immagazzinamento, di consolidamento o di richiamo della traccia mnestica. Tuttavia, il grado di oblio dell'informazione visiva precedentemente acquisita e immagazzinata sembra essere lo stesso dei soggetti di controllo.

Contrariamente all'atteso, la velocità di elaborazione delle informazioni non correla con il numero di tentativi necessari a raggiungere il criterio e con la maggior parte delle misure di rievocazione e di riconoscimento dei test di memoria verbale. Ciò non è in accordo sia con il precedente lavoro di DeLuca e coll. [39] che mostra una relazione tra performance al PASAT e i tentativi per raggiungere il criterio, che con altri studi che suggeriscono una relazione tra velocità di elaborazione e memoria [33]. Il PASAT è un test che richiede velocità, efficienza e flessibilità di pensiero, tra le altre funzioni. La versione modificata utilizzata per questo studio (AT-SAT) isola la componente "velocità" di questo difficile compito. I risultati suggeriscono, pertanto, che la velocità di elaborazione da sola non spiega le performance di memoria e di apprendimento verbale; essa può "contribuire" all'esecuzione di compiti che richiedono una maggiore velocità per un'adeguata performance e/o a compiti che richiedono la simultanea elaborazione di più informazioni (paradigma del dual-task). In tal senso, i risultati negativi dello studio [40], concordano con i dati emersi da una meta-analisi [41] nella quale non è stato trovato un legame tra efficienza di elaborazione delle informazioni e performance di memoria in pazienti con SM. L'associazione tra la performance al PASAT e ai test di memoria potrebbe essere dovuta ad altre componenti cognitive implicate nella corretta esecuzione del PASAT stesso, quali flessibilità di pensiero o capacità di multitasking.

Perché, dunque, nei pazienti con SM consentire più tentativi per raggiungere il criterio migliora le rievocazione e il riconoscimento, tanto da ottenere risultati sovrapponibili a quelli dei controlli? Secondo DeLuca e coll. [40] non sono i trial di ripetizione in sé a migliorare la performance quanto, piuttosto, la migliore qualità della codifica delle informazioni che ne deriva. La codifica viene definita in psicologia cognitiva come "il processo che permette di interpretare e di organizzare gli items in unità di memoria". Ne consegue che la migliore organizzazione del materiale codificato, che risulta dalle reiterate opportunità di apprendimento, incrementa i livelli di memorizzazione.

I dati emersi dallo studio di DeLuca e coll. [40] fanno ipotizzare che la memoria verbale e la memoria visiva seguono un diverso pattern di compromissione. L'ipotesi è sostenuta anche dai dati di un precedente studio di Rao e coll. [2].

Come avviene per la maggior parte dei soggetti amnesici, anche i pazienti con SM sembrano conservare la memoria implicita. Seinelä e coll. [42] hanno valutato le capacità di memoria implicita in un gruppo di pazienti affetti da SM con compromissione cognitiva. La memoria implicita viene tradizionalmente misurata con compiti di *priming*; il livello di accuratezza o la velocità con la quale viene eseguito un compito di memoria può venire favorita da una precedente esposizione al tipo di informazione che sarà necessaria all'esecuzione del compito. Uno dei test più utilizzati di priming è lo *stem completion* (vedi sopra). Sebbene nei pazienti amnesici la memoria esplicita sia gravemente compromessa, essi mostrano performance nella norma in compiti di memoria implicita, quali lo *stem completion*. I dati emersi dallo studio di Seinelä e coll. [42] mostrano la presenza di una dissociazione tra memoria implicita e memoria esplicita anche in pazienti con SM che presentano deterioramento cognitivo; inoltre, sembrerebbero confermare risultati di studi precedenti che suggeriscono la presenza di sistemi distinti per la memoria esplicita e la memoria implicita; anche nei pazienti che presentano una diffusa compromissione cognitiva i circuiti neuronali, coinvolti nella memoria implicita, sembrano non deteriorarsi.

8.3
Funzioni esecutive

Il termine funzioni esecutive fa riferimento a un insieme di aspetti complessi del funzionamento cognitivo: gestione dell'iniziativa, capacità di inibizione della risposta, di persistenza nel compito, di pianificazione; analisi e risoluzione di problemi; capacità di ragionamento astratto e concettuale; gestione delle risorse cognitive. Il buon funzionamento di tali aspetti richiede che non siano compromesse funzioni come l'attenzione e la memoria che, pur considerate più elementari, sono anch'esse organizzate su più livelli.

Sul piano pratico la valutazione delle funzioni esecutive pone delle difficoltà dovute a: la dipendenza, sopra menzionata, dell'efficienza di tali funzioni da altri livelli del funzionamento cognitivo; la non chiara definizione e delimitazione delle stesse funzioni esecutive.

Sono stati, comunque, proposti una serie di test neuropsicologici per la valutazione delle funzioni esecutive [43, 44] che esaminano contemporaneamente più aspetti di tale ambito funzionale e permettono di avere un'idea, a volte generica, dell'efficienza di tali funzioni. A una performance deficitaria nei suddetti test dovrebbe corrispondere quanto riferito, più frequentemente dalle persone vicine al paziente che dal paziente stesso: difficoltà nel considerare e risolvere problemi che richiedono di prendere in esame soluzioni alternative, difficoltà nel rispettare un programma di attività articolate o nuove, la tendenza a perseverare in una azione anche se evidentemente inefficace.

8

Si tende in genere a considerare un deficit delle funzioni esecutive come indicativo di danno alle strutture dei lobi frontali o delle connessioni tra strutture profonde dell'encefalo (ad es., gangli della base) e i lobi frontali stessi.

I pazienti con SM, dal punto di vista dell'anatomia lesionale, presenterebbero, quindi, un rischio consistente di disfunzioni esecutive.

Infatti, già Pearson e coll. [45] evidenziavano differenze significative tra i pazienti con SM e controlli sani in un compito che richiede l'identificazione di regole per la soluzione di problemi; altri lavori [46–48] succedutisi nel tempo hanno evidenziato disfunzioni nell'identificazione degli elementi comuni a serie di oggetti e situazioni o delle relazioni che legano azioni o affermazioni secondo una sequenza logica (identificazione di concetti, capacità di astrazione).

Secondo i risultati di alcune ricerche [2, 13, 15, 20, 36, 47, 49] la disfunzione più evidente nei pazienti con SM sembrerebbe essere la perseverazione su concetti o soluzioni che, alla luce del mutare delle situazioni, non sono più adeguati. Ma i risultati di studi che hanno esaminato separatamente diversi aspetti delle capacità esecutive sembrano suggerire che la maggiore difficoltà di questi pazienti consiste nella mancata identificazione di concetti.

In realtà, un esame critico dei vari lavori suggerisce alcune considerazioni di ordine generale: i progressi nella definizione delle varie sottocomponenti delle funzioni esecutive e dei vari livelli in cui è possibile scomporre l'attività di risoluzione di un processo esecutivo (ad es., pianificazione finalizzata al raggiungimento di uno scopo, la generazione di strategie flessibili, il mantenimento del set, il monitoraggio dell'azione e l'inibizione degli stimoli irrilevanti), a cui si è assistito sul piano teorico, hanno avuto solo recentemente una qualche applicazione nell'investigazione dei deficit dei pazienti con SM: ad es., Birnboim e Miller [50] hanno valutato le capacità di applicare e mantenere una strategia di lavoro ai fini della efficace esecuzione del compito.

I risultati di questo studio sono in accordo con la possibilità che i pazienti con SM abbiano difficoltà nell'affrontare situazioni nuove, portare a termine un progetto, avere a che fare con informazioni complesse. Va segnalato che Birnboim e Miller [50] non evidenziano differenze significative tra i pazienti con forma RR e forma SP in termini di abilità di applicazione di strategie.

Tale dato è stato confermato anche da uno studio recente condotto sulla popolazione della Nuova Zelanda. Drew e coll. [51], analizzando un campione di 95 pazienti con diverse forme di SM (RR, SP, cronica progressiva e benigna), hanno riportato che il 17% presenta difficoltà nell'ambito delle funzioni esecutive (quali per esempio la generazione di strategie flessibili, l'inibizione e la fluenza) di grado variabile ma senza differenze significative tra le diverse forme. Alla luce dei dati pubblicati emerge che nella valutazione delle funzioni esecutive sono necessarie soluzioni in grado di separare gli aspetti che siano realmente componenti delle funzioni esecutive da quanto vada considerato di competenza di livelli diversi del funzionamento cognitivo. La compromissione dei vari aspetti delle funzioni esecutive non è uniforme nei pazienti con SM e il profilo di tali deficit non corrisponde a quanto si riscontra in pazienti con danni frontali di altra eziologia. Infatti, i deficit delle funzioni esecutive evidenziabili nei pazienti con SM non sono attribuibili al danno a carico dei lobi frontali in modo univoco: alcuni autori [18, 19], sulla base di studi di correlazione, hanno postulato una stretta relazione tra danno dei lobi frontali evidenziato alla RM e deficit di tali funzioni; altri studi [20, 48] ripropongono la difficoltà nello stabilire lo specifico contributo della patologia dei lobi frontali nel determinare i deficit esecutivi in presenza di un danno diffuso all'intero encefalo come avviene nella SM.

Appare evidente che sono necessarie ulteriori ricerche per definire con più precisione le caratteristiche dei deficit esecutivi dei pazienti con SM e per comprendere le cause prime di tali deficit. D'altronde sul piano clinico e assistenziale, pur con i limiti a cui si è accennato, è necessario valutare anche questo aspetto del funzionamento cognitivo nel singolo paziente con SM; è importante, infine, mettere in atto tentativi per la riduzione delle conseguenze di eventuali deficit esecutivi, alla luce della ricaduta che essi potrebbero avere sulle situazioni di vita quotidiana del paziente, tra cui, non ultime, quelle relative alle decisioni terapeutiche e alla pianificazione delle strategie di intervento.

8.4
Funzioni visuo-spaziali

La valutazione delle funzioni visuo-spaziali nei pazienti con SM è stata oggetto di un numero assai limitato di ricerche specifiche. Ciò corrisponde alle difficoltà che, anche sul piano clinico, si incontrano nel valutare aspetti che risentono notevolmente della compromissione sensoriale visiva così frequente, e a volte grave, nei pazienti con SM.

Nondimeno, Vleugels e coll. [52, 53] hanno riportato i risultati di una corposa ricerca sulla compromissione visuo-percettiva in pazienti con SM. Tali studi rappresentano un importante punto di riferimento.

Vleugels e colleghi hanno sottoposto un campione di 49 pazienti con SM a 31 test neuropsicologici in grado di valutare abilità visuo-percettive sia di tipo spaziale che non spaziale; i pazienti non presentavano rilevanti compromissioni visive. La percentuale di pazienti con prestazioni deficitarie in 4 o più test risultava essere abbastanza rilevante, poiché si attestava al 26%, ma non vi era una uniformità o selettività nel tipo di compromissioni. Solo in 4 dei 31 test si raggiungevano livelli significativi di compromissione: un test di discriminazione dei colori, un test relativo alla percezione di illusioni visive, un test che valuta la percezione di oggetti e un test che valuta lo stadio associativo della percezione visiva di oggetti. A conferma della variabilità dei deficit visuo-spaziali nei pazienti con SM, i quattro test, pur dimostrando un buon potere predittivo del deficit visuo-spaziale complessivo, così come determinato sulla base della totalità dei 31 test, non possedevano una sensibilità e specificità pienamente soddisfacenti nei confronti di un criterio indipendente di valutazione della compromissione visuo-percettiva.

La prestazione nelle prove visuo-percettive correlava debolmente con lo stato cognitivo generale, la disabilità fisica globale misurata con l'EDSS [12] e i punteggi per i sistemi funzionali piramidale, cerebellare e del tronco-cerebrale sempre dell'EDSS; non venivano riscontrate correlazioni significative con altri segni neurologici, durata di malattia, tipo di decorso della SM, anamnesi di neurite ottica, depressione e farmaci.

Lo studio sopra descritto non permetteva di escludere che i deficit evidenziati nei test visuo-percettivi fossero dovuti a deficit visivi non evidenziabili con le abituali procedure cliniche o a deficit di altre funzioni cognitive. Pertanto, gli stessi autori [53] hanno effettuato un ulteriore studio sottoponendo i pazienti con SM sia all'estesa batteria di test visuo-percettivi che a test per la valutazione delle capacità di risoluzione spaziale e temporale relativamente a stimoli visivi e a potenziali evocati indotti da variazioni del pattern visivo. I risultati di questo lavoro di approfondimento sono a favore di una sostanziale indipendenza dei deficit visuo-percettivi nei confronti degli altri deficit cognitivi e dei deficit visivi. La debole correlazione delle prestazioni ai test visuo-percettivi con la capacità di risoluzione temporale per gli stimoli visivi (sostenuta, probabilmente, dal canale magnocellulare e dalla porzione dorsale delle proiezioni visive), richiede di ottenere ulteriori precisazioni dei meccanismi causali dei deficit visuo-spaziali, al netto dei deficit elementari della visione di assai frequente riscontro nei pazienti con SM.

8.5
Linguaggio

Le ricerche che hanno esplorato, direttamente e dettagliatamente, le capacità linguistiche di pazienti con SM sono indubbiamente poche [54, 55].

Si aggiungono le sporadiche segnalazioni di vere e proprie sindromi afasiche a insorgenza acuta: esse conseguono a vaste lesioni demielinizzanti a carico della sostanza bianca sottostante le aree corticali deputate ai processi di elaborazione linguistica o a lesioni che disconnettono tali aree tra di loro o dalle aree della percezione visiva e uditiva [56–59]. A causa della loro eccezionalità, tali casi singoli non possono essere considerati decisivi per stabilire se, nella SM, i disturbi di linguaggio rappresentino un problema significativo.

Gli studi sistematici [54, 55] hanno evidenziato deficit nella denominazione orale, nella fluenza verbale sia su stimolo fonetico che di tipo categoriale, nella comprensione uditiva (in particolare di materiale complesso o ambiguo dal punto di vista sintattico-grammaticale [60]), nella lettura. Henry e Beatty hanno confermato questi risultati dimostrando che i pazienti con SM presentano una compromissione della fluenza fonemica e semantica e che tale deficit correla con il grado di compromissione neurologica [61].

I deficit in compiti linguistici potrebbero essere conseguenza di una compromissione primaria. Potrebbero, però, essere causati da deficit di altri aspetti del funzionamento cognitivo (attenzione e elaborazione delle informazioni, memoria, funzioni esecutive) la cui efficienza è sicuramente rilevante anche sul piano del linguaggio. Altri deficit potrebbero conseguire a un'alterata trasmissione di informazioni tra i due emisferi dovuta alle frequenti lesioni del corpo calloso; tale trasmissione è, probabilmente, necessaria per i processi linguistici di maggiore complessità. Gli studi finora condotti non permettono di decidere tra le ipotesi avanzate per l'interpretazione dei deficit linguistici nei pazienti con SM. Sulla base di elementi teorici si dovrebbe supporre che i disturbi da disconnessione abbiano una frequenza superiore a quella riscontrata finora. A un esame clinico convenzionale, non è semplice identificare eventuali deficit linguistici in questi pazienti: essi sono probabilmente di lieve o moderata entità e relativi ai livelli più complessi dell'elaborazione linguistica. D'altronde, nella valutazione neuropsicologica formale delle funzioni linguistiche si pone il problema della natura del materiale testistico utilizzabile alla luce dei problemi sensori-motori dei pazienti con SM (es., acuità e discriminazione visiva).

La questione delle capacità linguistiche dei pazienti con SM rimane, quindi, aperta e non dovrebbe essere trascurata: il ruolo della mediazione verbale nelle attività di vita quotidiana non è certo irrilevante.

8.6
Intelligenza generale

Sia nei manuali che negli articoli che descrivono specifiche ricerche sulle funzioni cognitive dei pazienti con SM si afferma che l'intelligenza generale è sufficientemente preservata in questi pazienti. In realtà, non vi sono dati sufficienti per accettare o respingere questa affermazione. A monte vi sono delle notevoli difficoltà per stabilire una definizione condivisa di intelligenza generale e quindi, per identificare degli strumenti di misura adeguati: questa situazione, probabilmente, scoraggia l'effettuazione di ricerche sul tema dell'intelligenza.

Per quanto riguarda i pazienti con SM, si aggiungono le difficoltà causate dalla presenza dei deficit di altre abilità che sono in grado di incidere sulle prestazioni nelle prove abitualmente utilizzate per la valutazione dell'intelligenza (ad es., la WAIS, *Wechsler Adult Intelligence Scale-Revised* [62]).

Pertanto, i risultati dei lavori che hanno evidenziato un decremento del quoziente intellettivo dei pazienti con SM sia nei confronti di soggetti di controllo [48] che in relazione al cosiddetto quoziente intellettivo premorboso [63] potrebbero aver risentito dell'influenza di altre compromissioni cognitive, il cui controllo non è per niente agevole al momento della valutazione dell'intelligenza.

Va anche detto che la valutazione del grado di intelligenza premorbosa fa riferimento al livello di conoscenze e capacità che sarebbero state acquisite prima dell'insorgenza di una patologia a carico del SNC. Nel caso della SM non è assolutamente facile stabilire quando ha avuto inizio il processo patologico: ciò potrebbe essersi verificato anche molti anni prima della comparsa di manifestazioni cliniche evidenti.

Quindi, anche il tema dell'intelligenza generale non ha ancora trovato, nel caso dei pazienti con SM, delle risposte adeguate. Probabilmente sarà necessario un diverso approccio teorico al concetto di intelligenza e la conseguente realizzazione di strumenti di valutazione.

8.7
La valutazione neuropsicologica nella sclerosi multipla

Le compromissioni cognitive che caratterizzano i pazienti con SM possono comportare una significativa disabilità, a volte senza che vi siano deficit rilevanti in altre funzioni neurologiche. Potrebbe, pertanto, essere opportuno valutare il funzionamento cognitivo già al momento della diagnosi o addirittura in occasione del primo episodio suggestivo della malattia.

Gli strumenti di più frequente utilizzo nella valutazione dei pazienti con SM non prevedono un esame formale delle capacità cognitive del paziente, poiché questo aspetto richiederebbe tempi e competenze raramente disponibili. Per poter identificare con precisione il pattern cognitivo di ogni singolo paziente con la SM è necessario ricorrere a un certo numero di test neuropsicologici che esplorino diversi aspetti del funzionamento intellettivo. Nei fatti le valutazioni neuropsicologiche estese sono troppo lunghe e impegnano troppe risorse per poter essere applicate in modo routinario. Si pone, quindi, la necessità di disporre di brevi batterie di screening, dotate di un alto grado di specificità e di sensibilità, di rapida e facile somministrazione e valutazione, utilizzabili anche da personale non specializzato ed effettuabili da pazienti con disabilità sensori-motorie. L'utilizzo di una batteria estesa di test eterogenei che esplorino in modo approfondito tutte le diverse capacità mentali, si contrappone alla scelta di una batteria di test ridotta, più breve ed essenziale, in grado di fornire una visione d'insieme delle capacità cognitive del paziente. A tal riguardo, l'uso di una batteria di screening (MMSE, SEFCI, Batteria di Rao, ecc.) permette di valutare, seppur in modo preliminare, un maggior numero di pazienti, rimandando a più approfondite valutazioni solo quei pazienti in cui si evidenziano deficit sostanziali.

Sulla base di queste considerazioni sono stati proposti diversi strumenti di valutazione. In prima battuta si è tentato di applicare, nell'esame dei pazienti con SM, uno strumento di rapida valutazione, il *Mini Mental State Examination* (MMSE) [64] già largamente impiegato nello screening per le demenze dell'età presenile e senile. Il test è costituito da cinque prove che esaminano l'orientamento spazio-temporale, l'attenzione, la memoria a breve e a lungo temine, le abilità costruttivo-organizzative e il linguaggio. Questo test richiede circa 5-10 minuti per la somministrazione. Numerose sono state, tuttavia, le critiche mosse all'uso del MMSE per lo screening dei pazienti con SM. Lo studio di Beatty e Goodkin [65] ha rilevato, ad esempio, un grado molto basso di sensibilità nell'evidenziare la presenza di deficit cognitivi nei pazienti con SM. Per tale ragione gli studiosi hanno ritenuto opportuno elevare il punteggio al di sotto del quale è possibile ipotizzare la presenza di disturbi cognitivi da 24 a 28. Inoltre, quasi tutti gli studi di validazione del MMSE sono stati condotti su pazienti che presentavano, secondo una frequente distinzione clinica, quadri di demenza corticale. Secondo una visione classica, la maggior parte dei pazienti con SM presenta un profilo di compromissione cognitiva di tipo sottocorticale. Tale profilo è caratterizzato da un globale rallentamento dei processi cognitivi, da disturbi di memoria, da difficoltà nella soluzione di problemi e dalla presenza di disturbi dell'affettività (apatia e depressione), nel contesto di una sostanziale conservazione delle funzioni linguistiche, prassiche e gnosiche. Questi aspetti cognitivi o non sono valutati o sono valutati in maniera superficiale dal MMSE. Studi successivi sono stati, pertanto, indirizzati a sviluppare nuovi strumenti di valutazione, che fossero sufficientemente brevi e sensibili alle compromissioni cognitive della SM.

Tra questi va certamente annoverato lo *Screening Examination For Cognitive Impairment* (SEFCI) [66]. Tale batteria, appositamente sviluppata per pazienti con SM, rappresenta uno degli strumenti di screening più utilizzati e di maggiore validità. Esso richiede circa 25 minuti di tempo per la somministrazione, anche da parte di personale non specializzato opportunamente addestrato. Questa breve batteria è costituita da una serie di prove che indagano diverse funzioni cognitive: memoria immediata e differita (*Short Word List*), capacità di denominazione e di fluenza verbale (*Shipley Institute of Living Scale*), capacità di attenzione visuo-spaziale (*Symbol Digit Modalities Test*).

Altro strumento assai utilizzato, anch'esso appositamente sviluppato per pazienti con SM, è la *Brief Repeatable Battery of Neuropsychological Tests* (BRBNT) [67]. La batteria è costituita da 5 test che indagano i seguenti ambiti cognitivi: capacità di memoria a breve e a lungo termine (*Selective Reminding Test*); capacità di memoria visuo-spaziale a breve e a lungo termine (10/36 *Spatial Recall Test*); capacità di attenzione sostenuta e concentrazione (*Paced Auditory Serial Addition Task*); velocità di elaborazione delle informazioni e *working-memory* (*Symbol Digit Modalities Test*); capacità di fluenza verbale (*Word List Generation*). Uno studio italiano abbastanza recente [68] ha evidenziato che la BRBNT è lievemente, ma non significativamente, più sensibile della SEFCI nell'identificare pazienti in cui siano presenti compromissioni cognitive. I test che meglio discriminano tra pazienti con SM e controlli sono: il *Selective Reminding Test* e il PASAT per quanto riguarda la BRBNT e il SDMT per la SEFCI. Tuttavia la BRBNT richiede circa 11 minuti di tempo in più per la somministrazione.

Un'altra batteria per lo screening delle performance cognitive di pazienti con SM è la *Neuropsychological Screening Battery for Multiple Sclerosis* (NPSBMS) [2]. Questa batteria comprende un test di apprendimento verbale e di capacità di memoria a breve e a lungo termine (*Selective Reminding Test*), uno di apprendimento spaziale (7/24 *Spatial Learning Test*), uno di attenzione e di *working-memory* (*Paced Auditory Serial Addition Test*) e uno di fluenza verbale (*Controlled Oral Word Association Test*). La somministrazione di questa batteria richiede un tempo breve (circa 20 minuti) e non necessita di personale specializzato; ha dimostrato di possedere una sensibilità del 71% e una specificità del 94% nel discriminare i pazienti cognitivamente compromessi da quelli integri [2].

Un ulteriore esempio di batteria applicata nella valutazione dei pazienti con SM è la *Repeatable Battery for the Assessment of Neuropsychological Status* (RBANS) [69]. Essa valuta la memoria a breve e a lungo termine, il linguaggio, l'attenzione e le capacità visuo-spaziali. Richiede circa 30 minuti per la somministrazione. Questa batteria è stata utilizzata nella valutazione di soggetti affetti da altre patologie che comportano deficit cognitivi. Essa dispone di eccellenti dati normativi per individui dai 20 agli 89 anni d'età e, attraverso l'applicazione di un semplice algoritmo, rende possibile la valutazione dello stato cognitivo dei pazienti con malattia di Alzheimer, di Huntington, con demenze vascolari sottocorticali e malattia di Parkinson con demenza.

Dai risultati dello studio di Aupperle e coll. [70] è emerso che sia la SEFCI che la NPSBMS hanno maggiori probabilità di identificare pazienti con SM che presentano compromissioni cognitive rispetto alla RBANS. La SEFCI, poiché richiede minor tempo per la somministrazione, è da preferirsi nel caso in cui obiettivo dello screening sia di testare un ampio numero di pazienti con il limite che la sua affidabilità è relativa a una singola valutazione, poiché non si conoscono gli effetti dell'apprendimento in caso di somministrazioni ripetute. Sia la NPSBMS che la BRBNT sembrano adattarsi meglio per studi clinici che richiedono più valutazioni nel corso del tempo. Presso il nostro Istituto viene utilizzata una batteria composta dalla Mental Deterioration Battery [71] e da altri due test: *Modified Card Sorting Test* [72] e il *Symbol Digit Modalities Test*-versione orale [73, 74]. Questa batteria è stata anche utilizzata in uno studio multicentrico che ha interessato più di 600 pazienti, di cui 461 con forma RR [13]. In essa sono contenute prove di: velocità di elaborazione delle informazioni, MBT, MLT, funzioni esecutive, visuo-percezione, linguaggio, intelligenza. I dati riportati in letteratura circa la frequenza delle compromissioni cognitive nei pazienti affetti da SM, confermano la necessità di poter disporre di strumenti di screening agili e affidabili. Anche se sono disponibili un gran numero di test per una valutazione neuropsicologica delle funzioni cognitive nella SM, non è semplice comporre una batteria adeguata. I test di tale batteria devono, infatti, necessariamente permettere di indagare adeguatamente gli ambiti cognitivi potenzialmente compromessi nei pazienti affetti da SM, facendo pesare il meno possibile i concomitanti deficit sensori-motori. Nel 2002 un panel di esperti della valutazione neuropsicologica dei pazienti con SM, ha suggerito dei criteri minimi per la composizione di una batteria di test idonea per l'uso clinico e per eventuali trial terapeutici (MAC-FIMS) [75].

Nel caso in cui, mediante una metodologia di screening, siano state identificate delle compromissioni cognitive è necessario approfondire la valutazione degli ambiti del funzionamento cognitivo per i quali sono stati evidenziati dei deficit. Tale approfondimento sarà utile per poter comprendere le ragioni delle difficoltà che il paziente incontra nelle attività di vita quotidiana e per poter rendere il paziente stesso, i suoi familiari e caregiver consapevoli di tali problematiche. La definizione, nel maggior dettaglio possibile, delle disfunzioni cognitive è indispensabile per poter pianificare ed effettuare un programma di rieducazione cognitiva dei deficit presenti e per poterne verificare i risultati.

Per una valutazione approfondita dell'uno o l'altro aspetto del funzionamento cognitivo si potrà fare ricorso ai numerosi test neuropsicologici disponibili, la descrizione dettagliata dei quali non è negli scopi di questo capitolo. Si rimanda pertanto ai testi specialistici [43, 44].

A conclusione del capitolo dedicato alle disfunzioni cognitive in corso di SM e alla loro valutazione, vogliamo esaminare brevemente il tema della distinzione tra demenze corticali e sottocorticali. Tale distinzione coinvolge anche il caso della compromissione cognitiva dei pazienti con SM. Il quadro di riferimento della demenza corticale è quello presente nella Malattia di Alzheimer, mentre quello della demenza sottocorticale è il profilo di compromissione della Malattia di Huntington [76]. Il quadro cognitivo presente nella SM è stato per lungo tempo considerato omogeneo al profilo della demenza sotto-corticale. Questa classificazione è in accordo con il presunto confinamento delle lesioni della SM alle aree sottocorticali di sostanza bianca. La progressiva identificazione, sia mediante la RM che l'istopatologia, dei danni a carico della sostanza grigia corticale e sottocorticale ha comportato un cambiamento di prospettiva. I dati neuropsicologici hanno in qualche modo confermato che, nel caso della SM, ci troviamo, probabilmente, di fronte a un profilo di compromissione cognitiva ancora più complesso, in cui vanno considerati molti fattori. Solo per citarne alcuni: la presenza di danni sia corticali che sottocorticali; fenomeni conseguenti a disconnessioni multiple, variabili da un individuo all'altro, tra le aree corticali e tra queste e le strutture sottocorticali; fenomeni di plasticità e di compenso funzionale; una quota variabile di riserva cognitiva.

Le ricerche dei prossimi anni confermeranno, probabilmente, che l'unica possibilità per avere una idea minimamente attendibile dei profili di compromissione cognitiva, presentati dai pazienti con SM, è di tenere in considerazione tutti questi fattori piuttosto che adottare un singolo punto di vista.

Pertanto, preferiamo non attribuire una determinata etichetta precostituita ai deficit cognitivi dei pazienti con SM: anche perché tale attribuzione non è di alcuna utilità per indirizzarci verso possibili soluzioni delle conseguenze delle disfunzioni cognitive.

8.8
Disturbi psicopatologici e loro correlazioni con le compromissioni cognitive

L'interesse per le relazioni tra disturbi psicopatologici e disfunzioni cognitive deriva da diverse considerazioni. La prima è di carattere epidemiologico: come abbiamo visto nei capitoli precedenti le prevalenze dei disturbi cognitivi e dei disturbi dell'umore sono elevate nei pazienti con SM; pertanto, sono due elementi del quadro clinico di cui non si può non tenere conto. La seconda è relativa alle possibili interazioni tra disturbi dell'umore e compromissione cognitiva: anche sulla base dei dati relativi ai disturbi dell'umore nei pazienti non neurologici, tali disturbi possono influenzare le prestazioni cognitive in modo rilevante; ma è vero anche che la percezione dei disturbi cognitivi può generare reazioni psicopatologiche. La terza considerazione è inerente più a temi propri della ricerca: la compromissione cognitiva nella SM interessa certe funzioni più frequentemente di altre; le funzioni compromesse fanno riferimento prevalentemente a strutture dei lobi frontali e temporali; agli stessi lobi viene attribuito un ruolo decisivo nella elaborazione degli aspetti emozionali; pertanto, la relazione tra disturbi cognitivi ed emozionali potrebbe riguardare una comune eziologia lesionale.

In merito alle considerazioni appena espresse, per quanto riguarda il dato epidemiologico non c'è molto da aggiungere.

A proposito della seconda considerazione, la stima qualitativa e quantitativa delle relazioni tra disturbi depressivi e funzionamento cognitivo nei pazienti con SM è un compito difficile. Come accennato, non è semplice stabilire la direzionalità della influenza di un tipo di disturbo sull'altro: la consapevolezza ma anche la presunzione, possibilmente errata, di un deficit cognitivo può ovviamente generare o incrementare un'alterazione dell'umore; è d'altronde nota l'influenza della depressione, di per sé, sulle capacità cognitive dell'individuo affetto. Il risultato della valutazione dei disturbi dell'umore può essere influenzato da molti fattori: nelle fasi molto iniziali della malattia il peso di alcuni di questi fattori potrebbe essere assente o scarso (es., effetti farmacologici; esperienza personale della malattia), ma in queste fasi i disturbi cognitivi sono, al più, minimi e non identificabili con i test neuropsicologici di comune impiego clinico.

Per quanto riguarda le ricerche effettuate sul tema nei pazienti con SM, tenendo conto delle limitazioni metodologiche di diversi lavori, i risultati più consistenti sembrano quelli relativi all'influenza negativa della depressione sui processi di memoria di lavoro e di elaborazione delle informazioni più esigenti in termini di risorse impegnate [41, 77, 78].

Per quanto riguarda la memoria di lavoro, Arnett e coll. [78] ipotizzano che l'aspetto di questa funzione che risulta più influenzato dalla depressione sia la componente esecutiva centrale. Non si può, però, escludere nelle relazioni tra attenzione, memoria di lavoro e depressione una mediazione da parte di alcuni aspetti delle funzioni esecutive così come della velocità di elaborazione. Il possibile ruolo delle funzioni esecutive è stato successivamente valutato in un altro studio dello stesso gruppo [79]: è, però, emerso che, anche se le capacità di pianificazione spiegano una parte della varianza nei livelli di depressione, la funzione maggiormente correlata alla depressione rimane la velocità di elaborazione delle informazioni.

Un ulteriore studio [80] ha evidenziato che l'influenza della depressione sulla velocità di elaborazione delle informazioni si mantiene anche dopo aver controllato il parametro dell'accuratezza; lo studio conferma che non è facile distinguere l'influenza di depressione e fatica sulla velocità di elaborazione delle informazioni; la maggiore influenza della depressione e della fatica si esercita sulle relazioni tra velocità di elaborazione delle informazioni e compiti particolarmente impegnativi (richiamo immediato di informazioni verbali e apprendimento di liste di parole).

Per quanto riguarda gli altri aspetti del funzionamento cognitivo, i dati disponibili non permettono di trarre conclusioni significative, anche se prevale l'assenza di influenze significative [77].

Volendo entrare nel dettaglio della terza considerazione, gli aspetti del funzionamento cognitivo che risultano più consistentemente in relazione con la presenza della depressione (*working-memory*, funzioni attentive) sono sostenuti da strutture dei lobi frontali: esse sembrerebbero implicate anche nella regolazione degli aggiustamenti comportamentali e delle risposte emotive; la concomitanza del disturbo depressivo e dei deficit attentivi e di *working-memory* potrebbe quindi derivare dall'interessamento, spesso rilevante nei pazienti con SM, dei lobi frontali e delle connessioni di questi con le altre strutture encefaliche.

Tale ipotesi comincia a ricevere qualche conferma nei dati sperimentali: Figved e coll. [81] hanno riscontrato, nei pazienti con SM, l'associazione delle compromissioni mnesiche e dei deficit della velocità di elaborazione mentale con la depressione e la relazione dell'apatia con le intrusioni nel compito di rievocazione di una lista di parole.

Per quanto riguarda altri aspetti della psicopatologia, non sembrano esserci dati consistenti su eventuali relazioni con le disfunzioni cognitive. Ciò potrebbe anche essere la conseguenza della più generale scarsità di rilevazioni sistematiche sulle caratteristiche quantitative e qualitative di disturbi quali quelli d'ansia o psicotici nei pazienti con SM. È anche ipotizzabile che la presenza di uno stato ansioso sia ritenuta "normale" dai medici ma anche dagli stessi pazienti, al punto da non essere, da un lato, indagata con accuratezza e dall'altro segnalata con particolare enfasi.

Dedichiamo una piccola riflessione a una condizione che fin dalle prime osservazioni sistematiche della malattia aveva suscitato interesse negli studiosi: l'euforia. I dati relativi alle caratteristiche di tale condizione sono stati presentati in precedenza. Qui vogliamo ribadire che l'interpretazione dell'euforia è andata incontro a importanti variazioni nel corso del tempo. I primi autori la consideravano un disturbo psicopatologico caratteristico o patognomonico della SM. Da quando la valutazione delle funzioni cognitive è divenuta sempre più sistematica e specifica, l'euforia viene vista come una conseguenza del deterioramento cognitivo o, comunque, inquadrata tra le conseguenze della perdita di capacità critiche conseguente al grave interessamento dei lobi frontali e delle loro connessioni.

Però, nonostante l'interesse che sembrerebbe avere l'approfondimento delle relazioni tra la compromissione cognitiva e lo stato di euforia, è sorprendente come non vi siano studi recenti che abbiano esplorato questi aspetti.

Bibliografia

1. Charcot JM (1877) Lectures on the diseases of the nervous system delivered at the Salpêtrière. London
2. Rao SM, Leo GJ, Bernardin L, Unverzagt F (1991) Cognitive dysfunction in multiple sclerosis. I. Frequency, patterns, and prediction. Neurology 41:685–691
3. Rao SM (1995) Neuropsychology of multiple sclerosis. Curr Op Neurol 8:216–220
4. Fischer JS (2001) Cognitive impairment in multiple sclerosis. In: Cook SD (ed) Handbook of Multiple Sclerosis. Marcel Dekker Inc, New York
5. Bobholz JA, Rao SM (2003) Cognitive dysfunction in multiple sclerosis: a review of recent developments. Curr Opin Neurol 16:283–288
6. Amato MP, Zipoli V, Portaccio E (2006) Multiple sclerosis-related cognitive changes: a review of cross-sectional and longitudinal studies. J Neurol Sci 25:41–46
7. Rao SM, Leo GJ, Ellington L et al (1991) Cognitive dysfunction in multiple sclerosis. II. Impact on employment and social functioning. Neurology 41:692–696
8. Kesserling J, Klement U (2001) Cognitive and affective disturbances in multiple sclerosis. J Neurol 248:180–183
9. Amato MP, Ponziani G, Siracusa G, Sorbi S (2001) Cognitive dysfunction in early-onset multiple sclerosis: a reappraisal after 10 years. Arch Neurol 58:1602–1606
10. Huijbregts SCJ, Kalkers NF, de Sonneville LMJ et al (2004) Differences in cognitive impairment of relapsing remitting, secondary, and primary progressive MS. Neurology 63:335–339
11. Wachowius U, Talley M, Silver N et al (2005) Cognitive impairment in primary and secondary

8

progressive multiple sclerosis. J Clin Exp Neuropsychol 27:65–77

12. Kurtzke JF (1983) Rating neurological impairment in multiple sclerosis: an expanded disability status scale (EDSS). Neurology 33:1444–1452

13. Nocentini U, Pasqualetti P, Bonavita S et al (2006) Cognitive dysfunction in patients with relapsing-remitting multiple sclerosis. Mult Scler 12:77–87

14. Polman CH, Rudick RA (2010) The multiple sclerosis functional composite: a clinically meaningful measure of disability. Neurology 74(Suppl 3):S8–S15

15. Parmenter BA, Weinstock-Guttman B, Garg N et al (2007) Screening for cognitive impairment in multiple sclerosis using the Symbol digit Modalities Test. Mult Scler 13:52–57

16. Benedict RH, Duquin JA, Jurgensen S et al (2008) Repeated assessment of neuropsychological deficits in multiple sclerosis using the Symbol Digit Modalities Test and the MS Neuropsychological Screening Questionnaire. Mult Scler 14:940–946

17. Drake AS, Weinstock-Guttman B, Morrow SA et al (2010) Psychometric and normative data for the Multiple Sclerosis Functional Composite: replacing the PASAT with the Symbol Digit Modalities Test. Mult Scler 16:228–237

18. Swirsky-Sacchetti T, Mitchell DR, Seward J et al (1992) Neuropsychological and structural brain lesions in multiple sclerosis: a regional analysis. Neurology 42:1291–1295

19. Arnett PA, Rao SM, Bernardin L et al (1994) Relationship between frontal lobe lesions and Wisconsin Card Sorting Test performance in patients with multiple sclerosis. Neurology 44:420–425

20. Nocentini U, Rossini PM, Carlesimo GA et al (2001) Patterns of cognitive impairment in secondary progressive stable phase of multiple sclerosis: correlation with MRI findings. Eur Neurol 45:11–18

21. Edwards SG, Liu C, Blumhardt LD (2001) Cognitive correlates of supratentorial atrophy on MRI in multiple sclerosis. Acta Neuro Scand 104:214–223

22. Chiaravalloti ND, DeLuca J (2008) Cognitive impairment in multiple sclerosis. Lancet Neurology 7:1139–1151

23. Baddeley AD, Hitch GJ (1974) Working memory. In: Bower AG (ed) The psychology of learning and motivation: advances in research and theory. Academic Press, New York, pp 47–90

24. Rao SM, St. Aubin-Faubert P, Leo GJ (1989) Information processing speed in patients with multiple sclerosis. J Clin Experim Neuropsychol 11:471–477

25. Demaree HA, De Luca J, Gaudino EA et al (1999) Speed of information processing as a key deficit in multiple sclerosis: implications for rehabilitation. J Neurol Neurosurg Psychiatry 67:661–663

26. Janculjak D, Mubrin Z, Brinar V et al (2002) Changes of attention and memory in a group of patients with multiple sclerosis. Clin Neurol Neurosurg 104:221–227

27. Penner IK, Raush M, Kappos L et al (2003) Analysis of impairment related functional architecture in MS patients during performance of different attention tasks. J Neurol 250:461–472

28. DeLuca J, Chelune GJ, Tulsky DS et al (2004) Is speed of processing or working memory the primary information processing deficit in multiple sclerosis? J Clin Exp Neuropsychol 26:550–562

29. Gronwall DM (1977) Paced auditory serial-addition task: a measure of recovery from concussion. Percept Mot Skills 44:367–373

30. Dujardin K, Donze AC, Hautecoeur P (1998) Attention impairment in recently diagnosed multiple sclerosis. Eur J Neurol 5:61–66

31. Baddeley AD (1990) Human Memory: theory and practice. Lawrence Earlbaum Ass, London

32. Graf P, Schacter D (1985) Implicit and explicit memory for new associations in normal and amnesic patients. J Exp Psychol Learn Mem Cogn 11:501–518

33. Litvan I, Grafman J, Vendrell P et al (1988) Multiple memory deficit in patients with multiple sclerosis. Arch Neurol 45:607–610

34. Grigsby J, Ayarbe SD, Kravcisin N et al (1994) Working memory impairment among persons with chronic progressive multiple sclerosis. J Neurol 241:125–131

35. Beatty WW, Monson N (1991) Metamemory in multiple sclerosis. J Clin Exp Neuropsychol 16:640–646

36. Beatty WW, Goodkin DE, Monson N et al (1989) Cognitive disturbances in patients with relapsing remitting multiple sclerosis Arch Neurol 46:1113–1119

37. Jennekens-Schinkel A, van der Velde EA, Sanders EA et al (1990) Memory and learning in out-patients with quiescent multiple sclerosis. J Neurol Sci 95:311–325
38. Rao SM, Leo GJ, St Aubin-Faubert P (1989) On the nature of memory disturbance in multiple sclerosis. J Clin Exp Neuropsychol 11:699–712
39. De Luca J, Barbieri-Berger S, Johnson SK (1994) The nature of memory impairments in Multiple Sclerosis: acquisition versus retrievial. J Clin Exp Neuropsychol 16:183–189
40. De Luca J, Gaudino EA, Diamond BJ et al (1998) Acquisition and storage deficits in multiple sclerosis. J Clin Exp Neuropsychol 20:376–390
41. Thornton AE, Raz N (1997) Memory impairment in multiple sclerosis: a quantitative review. Neuropsychology 11:357–366
42. Seinelä A, Hämäläinen P, Koivisto M et al (2002) Conscious and unconscious uses of memory in multiple sclerosis. J Neurol Sci 198:79–85
43. Lezak M (1995) Neuropsychological assessment, 3rd edn. Oxford University Press, New York
44. Spreen O, Strauss E (1998) A compendium of neuropsychological tests. Administration, norms and commentary. Oxford University Press, New York
45. Pearson OA, Stewart KD, Aremberg D (1957) Impairment of abstracting ability in multiple sclerosis. J Nerv Ment Dis 125:221–225
46. Beatty PA, Gange JJ (1977) Neuropsychological aspects of Multiple Sclerosis. J Nerv Ment Dis 164:42–50
47. Heaton RK, Nelson LM, Thompson DS et al (1985) Neuropsychological findings in relapsing-remitting and chronic-progressive multiple sclerosis. J Consult Clin Psychol 53:103–110
48. Foong J, Rozewicz L, Quaghebeur G et al (1997) Executive function in multiple sclerosis. The role of frontal lobe pathology. Brain 120:15–26
49. Rao SM, Hammeke TA, Speech TJ (1987) Wisconsin Card Sorting Test performance in relapsing-remitting and chronic-progressive multiple sclerosis. J Consult Clin Psychol 55:263–265
50. Birnboim S, Miller A (2004) Cognitive strategies application of Multiple Sclerosis patients. Mult Scler 10:67–73
51. Drew M, Tippett LJ, Starkey NJ, Isler RB (2008) Executive dysfunction and cognitive impairment in a large community-based sample with multiple sclerosis form New Zealand: a descriptive study. Arch Clin Neuropsychol 23:1–19
52. Vleugels L, Lafosse C, van Nunen A et al (2000) Visuoperceptual impairment in multiple sclerosis patients diagnosed with neuropsychological tasks. Mult Scler 6:241–254.
53. Vleugels L, Lafosse C, van Nunen A et al (2001) Visuoperceptual impairment in MS patients: nature and possible neural origins. Mult Scler 7:389–401
54. Kujala R, Portin R, Ruutiainen J (1996) Language function in incipient cognitive decline in multiple sclerosis. J Neurol Sci 141:79–86
55. Friend KB, Rabin BM, Groninger L et al (1999) Language functions in patients with multiple sclerosis. Clin Neuropsychol 13:78–94
56. Friedman JH, Brem H, Mayeux R (1983) Global aphasia in multiple sclerosis. Ann Neurol 13:222–223
57. Achiron A, Ziv I, Djaldetti R et al (1992) Aphasia in multiple sclerosis: clinical and radiologic correlations. Neurology 42:2195–2197
58. Arnett PA, Rao SM, Hussain M et al (1996) Conduction aphasia in multiple sclerosis : a case report with MRI findings. Neurology 47:576–578
59. Jonsdottir MK, Magnusson T, Kjartansson O (1998) Pure alexia and word-meaning deafness in a patient with multiple sclerosis. Arch Neurol 55:1473–1474
60. Grossman M, Robinson KM, Onishi K et al (1995) Sentence comprehension in multiple sclerosis. Acta Neurol Scand 92:324–331
61. Henry JD, Beatty WW (2006) Verbal fluency deficits in multiple sclerosis. Neuropsychologia 44:1166–1174
62. Ryan JJ, Prifitera A, Larsen J (1982) Reliability of the WAIS-R with a mixed patient sample. Percept Mot Skills 55:1277–1278
63. Ron MA, Callanan MM, Warrington EK (1991) Cognitive abnormalities in multiple sclerosis: a psychometric and MRI study. Psychol Med 21:59–68

64. Folstein MF, Folstein SE, McHugh PR (1975) "Mini Mental State": a practical method for grading the cognitive state of patients for the clinician. J Psychiatr Res 12:189–198
65. Beatty WW, Goodkin DE (1990) Screening for cognitive impairment in multiple sclerosis. An evaluation of the Mini-Mental State Examination. Arch Neurol 47:297–301
66. Beatty WW, Paul RH, Wilbanks SL et al (1995) Identifying multiple sclerosis with mild or global cognitive impairment using the Screening Examination for Cognitive Impairment (SEFCI). Neurology 45:718–723
67. Rao SM (1990) Cognitive Function Study Group. A manual for the brief repeatable battery of neuropsychological tests. National Multiple Sclerosis Society, New York
68. Solari A, Mancuso L, Motta A et al (2002) Comparison of two brief neuropsychological batteries in people with multiple sclerosis. Mult Scler 8:169–176
69. Randolph C (1998) Repeatable battery for the assessment of neuropsycholological status. Psychological Corporation, San Antonio
70. Aupperle RL, Beatty WW, Shelton F deNap et al (2002) Three screening batteries to detect cognitive impairment in multiple sclerosis. Mult Scler 8:382–389
71. Carlesimo GA, Caltagirone C, Gainotti G and the Group for the Standardization of the Mental Deterioration Battery (1996) The Mental Deterioration Battery: normative data, diagnostic reliability and qualitative analyses of cognitive impairment. Eur Neurol 36:378–384
72. Nelson HE (1976) A modified card sorting test sensitive to frontal lobe defects. Cortex 12:313–324
73. Smith A (2000) Symbol Digit Modalities Test. Manual. Webster Psychological Services, Los Angeles
74. Nocentini U, Giordano A, Di Vincenzo S et al (2006) The Symbol Digit Modalities Test - Oral version: Italian normative data. Funct Neurol 21:93–96
75. Benedict RH, Fischer JS, Archibald CJ et al (2002) Minimal neuropsychological assessment of MS patients: a consensus approach. Clin Neuropsychol 16:381–397
76. Salmon DP, Filoteo JV (2007) Neuropsychology of cortical versus subcortical dementia syndromes. Semin Neurol 27:7–21
77. Moller A, Wiedemann G, Rohde U et al (1994) Correlates of cognitive impairment and depressive mood disorder in multiple sclerosis. Acta Psychiatr Scand 89:117–121
78. Arnett PA, Higginson CI, Voss WD et al (1999). Depression in multiple sclerosis: relationship to working memory capacity. Neuropsychology 13:546–556
79. Arnett PA, Higginson CI, Randolph JJ (2001) Depression in multiple sclerosis: relationship to planning ability. J Int Neuropsychol Soc 7:665–674
80. Diamond BJ, Johnson SK, Kaufman M et al (2008) Relationships between information processing, depression, fatigue and cognition in multiple sclerosis. Arch Clin Neuropsychol 23:189–199
81. Figved N, Benedict R, Klevan G et al (2008) Relationship of cognitive impairment to psychiatric symptoms in multiple sclerosis. Mult Scler 14:1084–1090

Conclusioni

U. Nocentini, G. Tedeschi, C. Caltagirone

Lo scopo di questo volume è fornire un quadro aggiornato delle conoscenze sul tema dei disturbi neuropsichiatrici nei pazienti con SM. È stato, comunque, necessario introdurre la trattazione degli specifici temi inerenti al titolo con un escursus sugli aspetti generali della malattia denominata sclerosi multipla. Già da tali elementi generali emerge quanto il quadro della SM sia complesso e, a volte, sfuggente: non ci riferiamo solo alla mancanza, a tutt'oggi, di una spiegazione completa della eziologia, ma ai molti aspetti che appaiono ancora poco chiari: la scarsa consistenza delle correlazioni tra le caratteristiche delle lesioni, così come appaiono alla Risonanza Magnetica, e il quadro sintomatologico e funzionale presentato dal singolo paziente. La varietà dei danni che la SM può dare alle diverse strutture e ai vari livelli del Sistema Nervoso genera la difficoltà di costruire un insieme coerente di informazioni da utilizzare per identificare terapie e interventi efficaci nel migliorare la condizione di vita dei pazienti. Tutto ciò, a parte le difficoltà, non ci deve sorprendere: la SM è una malattia multiforme e, soprattutto, è una malattia del Sistema Nervoso, la struttura più complessa e più difficile da valutare del nostro organismo.

È, quindi, con ancora meno sorpresa che a conclusione di questo libro ci troviamo con più interrogativi che risposte: il lavoro clinico e di ricerca che è stato compiuto finora nel campo dei disturbi neuropsichiatrici nella SM ha permesso di aprire delle piccole finestre nel grande edificio rappresentato dai rapporti tra strutture del Sistema Nervoso e processi mentali. Soltanto il futuro ci dirà se saremo in grado di passare dalla limitata prospettiva di osservazione che queste finestre ci offrono al pieno disvelamento dell'orizzonte.

Quali sono gli elementi che abbiamo a disposizione?

Dati epidemiologici che, almeno per la depressione, sembrano robusti: i pazienti con SM presentano disturbi della sfera neuropsichiatrica con frequenza superiore a quello che osserviamo non solo nella popolazione generale, ma anche in pazienti affetti da altre condizioni croniche di malattia altrettanto invalidanti. E la gravità di tali disturbi è testimoniata dal fatto che i tassi di suicidio nei pazienti con SM sono elevati.

I disturbi neuropsichiatrici nella sclerosi multipla. Ugo Nocentini, Carlo Caltagirone, Gioacchino Tedeschi (a cura di) © Springer-Verlag Italia 2011

In ragione della frequenza particolarmente elevata e di ciò che da questo consegue, la depressione, tra i disturbi neuropsichiatrici, ha ricevuto le maggiori attenzioni sul piano della ricerca; il presente volume non fa eccezione, rispecchiando giocoforza la maggiore disponibilità di dati per la depressione.

Da questi elementi di fatto in poi, però, cominciano le domande: visto il dato epidemiologico e sulla base di come intendiamo in genere che insorgano alcuni disturbi come la depressione, nella SM cosa succede? La depressione è dovuta alla reazione alla condizione di malattia o è direttamente causata da qualcosa (ad es. localizzazione delle lesioni o processi infiammatori) proprio della SM? In base a come leggiamo i vari dati a disposizione, possiamo favorire l'una o l'altra ipotesi. Alcuni lavori hanno identificato una prevalenza di lesioni in alcune strutture cerebrali nei pazienti depressi o in quelli con altri disturbi psichici rispetto ai pazienti con SM che non presentano tali disturbi. Le differenti frequenze dei disturbi neuropsichiatrici tra SM e altre malattie si accorderebbero con tali dati neuroradiologici. Ma come possiamo accantonare l'ipotesi "reattiva", considerando quanto sia peculiare la SM: una malattia che colpisce persone giovani, a volte giovanissime; persone che stanno ancora strutturando la loro realtà psicologica; la SM non è una malattia "una volta per tutte", la cui storia ha una trama e un finale non prevedibili: non è sorprendente che provochi reazioni diverse da quelle che possono avere le persone con altre malattie. La realtà sui processi che portano alla depressione o alla psicosi nella SM potrebbe, però, risiedere in una sorta di via di mezzo: gli esseri umani interagiscono con le esperienze della vita attraverso l'attività di determinate strutture cerebrali: sappiamo che esistono delle reti cerebrali che elaborano specifici contenuti emozionali dell'esperienza interagendo con altre reti che elaborano altri contenuti; le esperienze modificano l'attività dei circuiti; questi possono essere, però, modificati anche dalle lesioni sia micro che macroscopiche. Un circuito alterato da una lesione può "reagire" in modo diverso dal circuito integro; questo può portare a una maggiore differenza nel risultato finale della elaborazione di un'esperienza rispetto alla situazione in cui tutti gli elementi sono "normali". Nella SM ci sono gli elementi perché quanto sopra delineato si verifichi. Pertanto, anche se nei capitoli specifici sono stati riportati gli aspetti classificatori dei disturbi neuropsichiatrici, in questo commento conclusivo vorremmo invitare almeno i ricercatori a superare gli aspetti dell'inquadramento diagnostico nel misurarsi con l'interpretazione eziologica dei disturbi neuropsichiatrici. Potrebbe essere più fruttuoso partire dai singoli sintomi e segni.

Come esempio degli iniziali tentativi di integrare, in un modello comprensivo, gli aspetti collegabili alla depressione nei pazienti con SM, riportiamo quanto recentemente proposto da Arnett e coll. [1].

Viene proposto che nella SM, all'origine della depressione, vi siano i fattori di base della malattia (ad es., i cambiamenti nella citologia, istologia, fisiologia e immunologia del SNC). Tra le conseguenze di tali fattori, vengono prese in considerazione, per il tema della depressione, oltre alla depressione stessa, la fatica, le disfunzioni cognitive, la disabilità fisica e il dolore. Vi sono interazioni significative, anche bi-direzionali, tra questi elementi. Poiché la significatività di queste interazioni è inferiore all'atteso, Arnett e coll. ipotizzano che vi siano altri fattori che moderano le suddette interazioni. Sulla base delle risultanze della letteratura, vengono proposti come moderatori: il supporto sociale, il coping, lo stress, la concezione nei confronti di se stessi e delle malattie. L'azione moderatrice può essere svolta dal singolo moderatore, così come dalle interazioni tra moderatori. Si è preferito parlare di moderatori piuttosto che di mediatori: fattori quali lo stress o il supporto sociale non sembrano avere un ruolo causale (mediatori) nei confronti della depressione, ma portano a un incremento o decremento dell'effetto degli altri fattori.

Questo modello non è ancora sostenuto in tutti i suoi aspetti da dati empirici, ma molte delle sue assunzioni potranno essere testate sperimentalmente in futuro. In ogni caso il modello rappresenta una buona esemplificazione della complessità dei fattori in gioco quando si voglia ragionare e condurre esperimenti sul tema depressione e SM. Ci permettiamo di suggerire l'inserimento, tra i fattori da valutare, delle modificazioni nell'elaborazione delle emozioni che si potrebbero verificare nei pazienti con SM.

I dati riportati nelle varie sezioni del volume dimostrano come da un lato vada crescendo l'accuratezza e la specificità nella raccolta dei dati clinici e dall'altro la tecnologia fornisca strumenti e metodi di indagine sempre più sofisticati. L'unione tra questi due elementi dovrebbe avvicinarci sempre di più a un'adeguata conoscenza delle cause dei fenomeni e alla possibilità di individuare soluzioni efficaci. L'obiettivo delle terapie individualizzate, che viene sempre evocato dalla riflessione teorica, potrebbe apparire presto realizzabile.

In attesa di raggiungere certe mete, altri dati ci richiamano, però, alla realtà attuale e alla necessità di operare al meglio con gli strumenti disponibili: già qualche anno fa, sia una review che una Consensus Conference [2, 3] richiamavano l'attenzione sul grado di sottostima dell'occorrenza di depressione nei pazienti con SM e sulle conseguenze di ciò sul piano terapeutico. Vogliamo rinnovare l'invito, perché le conseguenze di continuare a sottovalutare il fenomeno sarebbero nefaste.

Anche se, come emerge dai dati finora disponibili, non abbiamo prove specifiche e adeguate sull'efficacia e sui rischi delle varie opzioni terapeutiche per i disturbi neuropsichiatrici dei pazienti con SM, non possiamo invocare ciò come ragione per non fare quanto siamo già in grado di fare. Allo stesso tempo, e speriamo che questo libro possa portare un contributo in questo senso, cerchiamo di promuovere anche dei trial adeguati per la valutazione delle opportunità terapeutiche.

È un impegno di cui qualcuno sarà grato.

Bibliografia

1. Arnett PA, Barwick FH, Beeney JE (2008) Depression in multiple sclerosis: review and theoretical proposal. J Int Neuropsychol Soc 14:691–724
2. Siegert RJ, Abernethy DA (2005) Depression in multiple sclerosis: a review. J Neurol Neurosurg Psychiatry 76:469–475
3. Goldman Consensus Group (2005) The Goldman Consensus statement on depression in multiple sclerosis. Mult Scler 11:328–337

Indice analitico

Finito di stampare nel mese di novembre 2010

Printed in the United States
By Bookmasters

Printed in the United States
By Bookmasters